바이오발효공학실험

Experiments in Biofermentation

곽호석 · 배재용 · 지갑주 · 진대언 지음

 북스힐

인류는 미생물의 존재를 알기 훨씬 이전부터 경험적으로 발효를 통해서 포도주, 막걸리, 빵, 치즈, 된장, 간장 등의 발효식품을 만들어 왔습니다. 발효는 미생물의 생리작용을 이용하여 어떤 유용한 물질을 만드는 것입니다. 미생물이 발견되고, 여러 발효 메커니즘이 밝혀지면서 발효공학은 눈부신 발전을 거듭해 왔으며 1980년대 유전공학의 발전과 함께 발효공학에도 유전공학기술이 도입되면서 발효미생물의 기능 개량과 새로운 기능 개발 및 균주의 효과적인 육성이 가능케 되어 발효공학의 영역은 발효식품을 넘어 헬스 케어 및 바이오에너지 등 점점 넓어지고 있습니다.

근래 100세 시대를 맞이하여 생활 습관병의 예방과 노년의 건강한 삶을 위해서 발효식품이나 발효를 이용한 건강기능식품, 발효화장품 등이 전통적인 발효식품과 함께 주목을 받으며 발효산업이 새롭게 조명되고 있습니다.

바이오발효공학실험서는 국가직무능력표준(NCS: National Competency Standards)에 바탕을 둔 실용서로서 대학 실험에 맞게 만든 교재입니다. 발효는 효소 반응에 의해 일어나기 때문에 발효 원리를 이해할 수 있도록 효소 반응 실험과 우리 일상생활에서 먹고 있는 발효제품 제조 실험으로 교재가 구성되어 있습니다. 따라서 학생들은 교재를 따라 실습하는 동안 발효 원리를 이해하고 발효제품을 만들 수 있는 능력을 가지게 될 것입니다.

본 실험서는 다듬어야 할 곳이 많이 있을 것이므로 이런 점에서 여러 독자들의 많은 지도와 편달을 기대합니다.

아울러 본 교재의 발간에 즈음하여 도움을 주신 북스힐의 사장님과 임직원들께 감사를 드립니다.

기해년 여름에

저자 대표

바이오발효공학실험 개요

교육목표

발효산업이 발전하면서 산업인력 수요가 늘어나고 있어서 실용기술분야 교과목인 바이오발효공학실험 교육이 절실히 요구되고 있다. 이 과목을 성실하게 이수하면 미생물을 이용한 발효식품 및 건강기능식품인 발효제품을 제조하는데 응용할 수 있다. 교육 이수 후 예상 진로는 식품회사, 건강기능식품회사, 제약회사, 생명공학회사 등에 취업이 가능하다고 생각된다.

교육내용

바이오발효공학실험은 발효원료 또는 배지 준비, 멸균, 발효균의 접종, 배양(발효), 회수 등으로 내용이 구성되어 있다. 품질 좋은 발효제품을 얻기 위해서는 발효원료 또는 배지 선별이 무엇보다 중요하다. 선별된 발효원료는 세정과 멸균처리로 잡균의 오염을 막으며, 이후 발효균의 접종을 통해 발효가 시작된다. 발효균의 종류에 따라 발효조건이 다르므로 각 균에 맞는 발효 조건하에 발효를 실시한다. 발효 중에는 발효제품의 품질을 확인하고 최종적으로 발효물질을 회수한다.

차 례

교수학습지침서의 개요

교수학습지침서의 목표

발효원료의 검사 후 원료 전처리, 계량, 증자, 배합, 멸균 과정으로 배지를 준비하고, 미생물 접종, 발효, 여과 과정을 거쳐 발효제품을 만들 수 있다.

선수학습

미생물학
발효식품학

교수학습지침서의 내용체계

학습(수준)	NCS 능력단위요소명	학습내용
효소 반응(2)	효소의 활성측정	효소와 기질 반응에 의한 활성측정
효소 반응에 온도와 pH가 미치는 영향(2)	효소 반응에 영향을 주는 요인	효소 반응에 온도와 pH가 미치는 영향
미생물에 의한 당의 알코올 발효(2)	알코올 발효	알코올 발효와 발효생성물
발효유 발효(4)	발효유 발효	발효유 발효균 종류, 원료 관리, 발효 조건, 발효하기
과실주 발효(4)	과실주 발효	과실주 발효균 종류, 원료 관리, 발효 조건, 발효하기

학습(수준)	NCS 능력단위요소명	학습내용
막걸리 발효(4)	막걸리 발효	막걸리 발효균 종류, 원료 관리, 발효 조건, 발효하기
맥주 발효(5)	맥주 발효	맥주 발효균 종류, 원료 관리, 발효 조건, 발효하기
된장 발효(3)	된장 발효	된장 발효균 종류, 원료 관리, 발효 조건, 발효하기
청국장 발효(3)	청국장 발효	청국장 발효균 종류, 원료 관리, 발효 조건, 발효하기
침채류 발효(3)	침채류 발효	침채류 발효균 종류, 원료 관리, 발효 조건, 발효하기
유기산 발효(4)	유기산 발효	유기산 발효균 종류, 원료 관리, 발효 조건, 발효하기

핵심 용어

미생물 배양 및 발효 이론, 원료 및 배지 조제 요령, 종균 관리 요령, 배양 및 발효 설비 및 기기의 이해

실험
1

효소 반응

효소의 활성측정(Enzyme kinetics)

실험목표	• 균일계에 있어서 효소 반응 속도를 설명할 수 있다. • 효소의 특성을 수학적으로 나타내는 방법을 설명할 수 있다. • 분광광도계(spectrophotometer)로 ABS(흡광도)를 측정할 수 있다.

필요 지식

[1] 효소(enzyme)

1. 효소(enzyme)의 구조

효소(enzyme)의 기본적인 구조는 단백질이다. 간단한 효소는 단백질로만 구성되어 있는 반면 복합된 효소들은 단백질과 비단백질 분자들을 포함하고 있다. 전효소 (holoenzyme)라 부르는 복합된 효소는 아포효소(apoenzyme)라 불리는 하나의 단백질과 1개 이상의 보조인자(cofactor)들의 복합이다(그림 1-1). 보조인자들은 이러한 효소들이 기능을 발휘하는데 필요한 조효소(coenzyme)라고 하는 유기분자들이거나 또는 금속 이온들이다. 아포효소는 단백질로 기질(substrate)에 대한 효소의 특이성을 가지며 기질이 결합하는 부위를 활성부위(active site)라 한다. 조효소(coenzyme)는 아포효소와 연합하여 기질의 필요한 변화를 수행하는 일을 하는 유기 보조인자이다. 조효소의 일반적인 기능은 화학적 작용기를 하나의 기질 분자로부터 떼어내어 다른 기질 분

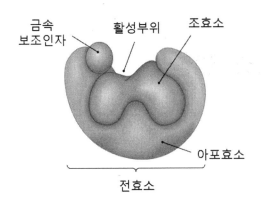

金속
보조인자　　활성부위　　조효소

아포효소

전효소

[그림 1-1] 결합된 효소 구조

자에 첨가해줌으로써 이 작용기의 일시적인 운반자로서의 역할을 하며 가장 중요한 구성성분 중 하나는 비타민이다. 금속 보조인자는 효소와 그 효소의 기질 사이의 정확한 기능에 관여하고 있다. 일반적으로 금속은 효소들을 활성화시키고 활성부위와 기질이 서로 가까이 접근하도록 도와주며 효소-기질 복합체(enzyme-substrate complex)와의 화학반응에도 직접 관여한다. 보조효소 또는 금속 이온이 효소 단백질과 아주 단단히 또는 공유결합을 하고 있을 때 이것을 보조단(prosthetic group)이라고 부른다.

2. 효소(enzyme)의 특징

효소(enzyme)는 생명체의 화학반응을 촉매작용(catalyze)하여 활성화 에너지를 낮추어 반응속도를 $10^5 \sim 10^{17}$배까지 빠르게 한다. 효소는 기질(substrate)이라고 부르는 반응물과 반응하는 동안 변화가 일어나지 않아 반복적으로 사용할 수 있다. 효소(enzyme)는 기질(substrate)보다 훨씬 더 커서 단지 특정한 기질(substrate)에만 꼭 맞는 독특한 활성부위(active site)를 제공해 준다. 따라서 효소(enzyme)는 특정 분자에 대해서만 특이적으로 결합하여 반응을 촉매하는 기질특이성(substrate specificity)을 가지고 있다. 이와 같은 효소와 기질 사이의 기질특이성은 마치 자물쇠와 열쇠의 관계로 묘사된다.

효소(enzyme)의 활성은 세포의 환경에 의해 크게 영향을 받는다. 일반적으로 효소는 그 생물이 속한 서식지에서의 자연적인 온도, pH 및 삼투압 하에서만 작동한다. 효소는 단백질로 구성되어 있어 열에 불안정하며 온도와 pH에 의해 효소 활성이 영향을 받는다.

[2] 효소 반응

1. 효소 반응 속도론(enzyme kinetics)

효소 반응 속도론(enzyme kinetics)은 효소 촉매작용의 생물학적 역할과 효소가 뛰어난 작용을 수행하는 방법에 대해 연구하는 효소학의 한 분야이다. 가장 중요한 인자는 효소의 농도, 기질과 생산물 및 저해제 등의 농도, pH, 이온, 온도 등이다. 이들 인자들의 영향을 적절하게 분석하면 효소 활성에 관한 반응속도론적 설명은 효소가 어떻게 기능하는지를 이해하는 데 필요하다. 예를 들면 기질과 생성물질의 농도 변화를 통해 반응의 동력학적 기구를 유추하여 효소-기질 복합체와 효소-생성물 복합체의 종류를 알 수 있다. 어떤 동력학 정수가 결정되면, 이 정수를 이용하여 기질과 생성물질의 세포간 농도를 짐작할 수 있고, 생리적인 방향을 제시해 주기도 한다. 동력학적 분석은 효소-촉매 반응의 모델을 상정하게 하고, 효소 반응속도론의 원리는 이러한 모델에 대한 속도 방정식의 유도를 가능케 할 뿐만 아니라 실험적으로 확인할 수 있는 근거를 제공한다.

단일 효소-기질 촉매반응의 속도식은 Michaelis-Menten(미하엘리스-멘텐) 속도식을 기본으로 한다. 효소(enzyme)는 기질(substrate)과 결합할 수 있는 활성부위(active site)가 일정하기 때문에 높은 기질 농도에서 활성부위(active site) 모두가 기질과 결합하여 효소 포화상태가 된다. 따라서 효소의 반응속도는 낮은 기질 농도에서는 기질 농도에 비례하지만, 높은 기질 농도에서는 기질 농도와 무관하다. 정상상태(steady-state)를 가정하여 효소 반응속도식을 유도할 때 초기 단계는 두 경우가 동일하다. 반응속도 v는 생성물의 생성속도 또는 기질의 소모 속도로서 moles/L · s의 단위를 갖는다.

▶ 효소 반응속도(기질소모속도, 산물생성속도)

$$E + S \underset{k_{-1}}{\overset{k_1}{\longleftrightarrow}} ES \overset{k_2}{\longleftrightarrow} E + P$$

$$v = -\frac{dS}{dt} = \frac{dP}{dt} = k_2\,[ES] \tag{1}$$

두 번째 단계의 역반응 속도는 무시한다.

ES 복합체의 반응속도

$$\frac{d[ES]}{dt} = k_1\,[E][S] - (k_{-1} + k_2)[ES]$$

정상상태(steady-state)라 가정하면

$$\frac{d[ES]}{dt} = 0$$

$$\frac{d[ES]}{dt} = k_1\,[E][S] - (k_{-1} + k_2)[ES] = 0 \tag{2}$$

효소의 보존식

$$[E_0] = [E] + [ES] \tag{3}$$

(3)식을 (2)식에 대입하여 풀면

$$[ES] = \frac{[E][S]}{\dfrac{k_{-1} + k_2}{K_1} + [S]} = \frac{[E_0][S]}{K_m + [S]} \tag{4}$$

(4)식을 (1)식에 대입하면

$$-\frac{dS}{dt} = \frac{k_2\,[E_0][S]}{K_m + [S]}$$

여기서, $[E_0] = [ES]$가 될 때 최대반응 속도이다.

$$\therefore k_2[E_0] = V_{max} \text{라고 하면}(V_0 \text{는 초기속도})$$

$$-\frac{dS}{dt}(= V_0) = \frac{V_{max}[S]}{K_m + [S]}$$

2. 속도상수의 중요성

새로운 효소를 발견하였다고 할 때 그 효소가 얼마만큼의 활성을 가지고 있는가를 위의 속도상수로서 알 수 있다. V_{max}를 통하여 최대 반응속도 즉, 활성 정도를 알 수 있으며, K_m을 통하여 특정 기질과의 친화력(affinity)를 알 수 있고, K_i를 통하여 특정 저해제(inhibitor)와의 친화력(affinity)를 알 수 있다. 이는 새롭게 발견한 효소가 얼마만큼의 활성을 가지고 있는가에 관한 정보뿐만 아니라 단백질공학 등을 통하여 효소를 디자인할 때도 활성 정도를 측정하는데 기준이 된다.

그러나 위의 상수 값들은 실험을 통하여 기질농도별 반응속도 데이터를 얻고, 그 데이터를 회귀분석함으로써 구해질 수 있다. 따라서 정확한 회귀분석의 사용이 중요하다고 하겠다.

1) 속도식 상수의 의미

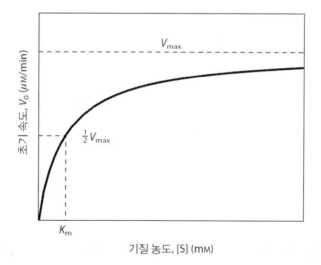

[그림 1-2] Michaelis-Menten식에 의한 효소 반응

V_{max} = 최대반응속도, 효소량에 의해 변하지만 기질과 무관

K_{max} = Michaelis-Menten 상수, 효소와 기질에 대한 친화도(작을수록 높음)

(1) $S \ll K_m$

$$V_0 = -\frac{dS}{dt} = \frac{V_{max}}{K_m}S$$

(2) $S \gg K_m$

$$V_0 = -\frac{dS}{dt} = V_{max}$$

(3) $S = K_m$

$$V_0 = -\frac{dS}{dt} = \frac{1}{2}V_{max}$$

2) V_{max}와 K_m값의 추정

Lineweaver와 Burk는 Vmax와 Km 값을 명확히 얻기 위하여 Michaelis-Menten식의 양변을 역수를 취하여 직선으로 나타내는 다음과 같은 Lineweaver-Burk(라인위버-버크)식을 유도하였다.

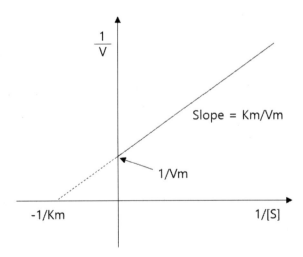

[그림 1-3] Michaelis-Menten식의 Lineweaver-Burk 이중역수 도표

$$\frac{1}{V_0} = \frac{K_m}{V_{\max}} \frac{1}{[S]} + \frac{1}{V_{\max}}$$

$$\therefore y = ax + b$$

이 직선의 기울기 값은 $K_m/V_{\max}$이고, 절편값은 $1/V_{\max}$이므로 이로부터 K_m과 $V_{\max}$을 각각 구한다. 이 직선에서 구한 $V_{\max}$값은 정확하나 K_m 값은 부정확하다.

[3] 효소(enzyme)의 종류

1. 제1군: 산화환원효소(oxidoreductase)

산화환원 반응을 촉매하는 모든 효소들을 포함한다. 산화환원효소는 전자공여체 및 수용체의 한 쪽, 또는 양쪽에 대해 특이적이며 이것에 의하여 분류된다.

2. 제2군: 전달효소(transferase)

어떤 분자에서 기능기(화학 반응에 동시에 관여하는 몇 개의 원자의 집단)를 떼어 내어 다른 분자에 옮겨주는 효소들을 포함한다. 즉 전이인자가 전위할 때의 재조합반응에 작용하는 효소이다.

3. 제3군: 가수분해효소(hydrolase)

탄수화물, 단백질, 지질들의 작용 분자로의 가수분해에 관여하는 효소로 이 효소는 화학반응 때 물이 필요하며 생체 내에서 이루어지는 여러 가지 가수분해반응에서 작용한다.

4. 제4군: 분해효소(ligase)

기질에서 가수분해나 산화에 의하지 않고 어떤 기(몇 개의 원자들의 집단)를 떼어내어 기질 분자에 이중 결합을 생기게 하는 반응 또는 이중 결합에 어떤 기를 붙여주는 효소이다.

5. 제5군: 이성화효소(isomerase)

기질 분자의 분자식은 변화시키지 않고 다만 그 분자구조를 바꾸는 데에 관여하는 모든 효소로 이성질체 간의 전환을 촉매하는 효소이다.

6. 제6군: 연결효소(ligase)

합성 효소라고도 부르는 것으로, ATP(아데노신삼인산)라는 물질 또는 이와 유사한 물질로부터 인산기를 떼어 내면서 그 때 방출되는 에너지를 이용하여 어떤 두 물질을 결부시키는 효소들을 총칭한다.

실험 재료 및 방법 ▶ 효소의 활성측정(Enzyme kinetics)

[1] 재료(시료 및 시약)

- α-amylase (1g/L)
- 아이오딘-아이오딘화칼륨용액(Iodine solution)
- 녹말[starch (3g/L)]

[2] 기기(장비 및 기구)

- UV-VIS spectrophotometer
- 마이크로피펫
- 마이크로팁
- 비이커
- 초시계

- 5mL test tube
- 온도계
- hot block 또는 항온조
- 큐벳 셀(cuvette cell)

[3] 실험 방법

① 녹말 용액(starch 1.5g/L) 2mL를 넣은 시험관 8개를 준비하여 40℃ 항온조에서 10분간 가온한다.

② 미리 40℃에 보존해두었던 amylase 효소액 0.1 mL을 녹말 용액이 들어있는 시험관 7개에 넣고 잘 혼합하여 40℃에서 반응시키고, 나머지 1개는 효소 대신 정제수를 넣은 대조시험관(blank)으로 사용한다.

③ 효소액을 넣고 10분 간격으로 반응액에 1 mL의 아이오딘액을 넣는다. 대조시험관(blank)에도 1 mL의 아이오딘액을 넣는다.

④ 아이오딘 반응의 색이 청색에서 적색으로 변할 때까지 반응을 계속한다.

⑤ 먼저 대조시험관(blank)의 용액을 큐벳 셀에 넣고 분광광도계로 630 nm에서 흡광도를 측정한다.

⑥ 아이오딘반응이 끝난 시험관을 630 nm에서 흡광도를 측정한다.

⑦ 위와 같은 방법으로 상온에서 나머지 시험관을 순차적으로 실험한다.

1. 효소의 활성에 대하여 설명하라.

2. 효소 반응 속도론(enzyme kinetics)에 대하여 설명하라.

3. 시간대별 흡광도 값을 측정하라.

반응시간	blank	0분	10분	20분	30분	40분	50분	60분
흡광도 값								
흡광도 값의 차								

4. 시간대별 흡광도 값을 그래프로 그려서 보고, 몇 분대에 가장 큰 흡광도의 변화가 있는지 비교해보라.

효소 반응에 온도와 pH가 미치는 영향

실험목표 • 효소(enzyme) 반응에 온도와 pH가 미치는 영향을 알 수 있다.

필요 지식

[1] 효소(enzyme)

1. 구성

주성분인 단백질과 보조인자(비단백질: 조효소와 금속)로 이루어져 있다.

2. 기능

유기촉매로 작용하여 활성화에너지를 감소시켜 물질대사의 반응속도를 증가시킨다.

3. 작용

효소(enzyme)가 기질(substrate)과 반응하여 효소-기질복합체(enzyme-substrate complex)를 형성한 후 생성물을 만들고 분리된다.

분리된 효소는 새로운 기질과 결합하여 반응을 반복할 수 있다.

4. 특성

(1) 효소는 반응 전후에 변하지 않는다.

(2) 한 종류의 효소는 한 종류의 기질에만 작용하는 기질 특이성이 있다.

(3) 가변적인 활성자리를 갖고 있어 기질 분자의 구조와 잘 맞는다.

(4) 반응속도는 기질과 생성물질의 농도, 온도, pH 등에 의해 결정된다.

(5) 대사경로에서 일련의 반응들을 촉매하는 효소 그룹의 일원으로 존재하기도 한다.

(6) 효소 활성은 대개 활성 또는 억제조절자에 의해 조절된다.

[2] 효소(enzyme) 활성도와 온도, pH와의 관계

대부분의 화학반응과 마찬가지로 효소 촉매반응의 속도는 일반적으로 온도가 증가함에 따라 증가한다. 생물체 내에서 모든 화학반응은 효소에 의해 속도가 빨라지며 이 효소는 모두가 단백질이다. 효소는 단백질이기 때문에 무기 촉매와는 달리 온도나 pH 등 환경 요인에 의하여 기능이 크게 영향을 받는다. 즉 모든 효소는 최적 온도 범위 내에서 활성이 가장 크게 나타난다. 대개의 효소는 온도가 30℃~40℃에서 활성이 가장 크다. 이것은 온도가 올라가면 화학반응 속도가 일반적으로 커짐에 따라 효소의 촉매작용도 커지지만, 온도가 일정 범위를 넘으면 화학반응 속도는 커져도 단백질의 분자 구조가 변형을 일으켜 촉매 기능이 떨어지기 때문이다. 일반적으로 0℃~40℃의 범위에서 온도가 10℃ 증가하면 속도가 두 배가 된다. 즉, $Q_{10} = 2$이다. Q_{10}은 10℃ 차이나는 두 온도에서의 활성 비율로 정의된다. 예를 들면 멜라닌을 생합성하는 티로시나아제는 높은 온도에서 불활성화되어 멜라닌 합성이 감소되고, 낮은 온도에서는 활성화되어 멜라닌 합성이 증가된다.

또 효소-기질간의 인식과정과 이어서 일어나는 촉매과정은 모두 pH에 매우 좌우된다. 효소는 pH가 일정 범위를 넘으면 기능이 급격히 떨어진다. 이것은 단백질의 구조가 그 주변 용액의 pH의 변화에 따라 달라지고, 효소작용은 특정 구조를 유지하고 있을 때에만 나타나기 때문이다. 예를 들면 아밀레이즈는 pH7에서, 펩신은 pH2에서, 트립신은 pH8에서 가장 높은 활성을 나타낸다.

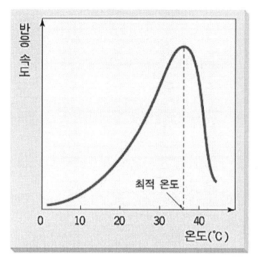
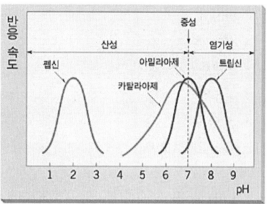

[그림 2-1] 효소 활성에 대한 온도와 pH 관계

실험 재료 및 방법 효소 반응에 온도와 pH가 미치는 영향

[1] 재료(시료 및 시약)

- 녹말
- 아이오딘-아이오딘화칼륨용액
- 베네딕트용액
- 아밀레이즈용액(1%)
- 0.1N HCl
- 0.1N NaOH
- 얼음

[2] 기기(장비 및 기구)

- 비이커
- 시험관
- 시험관 스텐드
- 온도계
- 스포이드
- 자력식가열교반기

[3] 실험 방법

① 4개의 시험관(A~D)에 증류수 4 mL를 넣고, 2개의 시험관 (E, F)에 각각 0.1N HCl과 0.1N NaOH 4 mL를 넣는다.

② 시험관 6개(A~F)에 5% 녹말 용액 1mL를 넣고 천천히 섞는다(최종 농도 1% 녹말).

③ 시험관 A는 얼음물에, B는 100°C 물에, C~F는 37°C 물에 넣고 5분 후에 시험관 C를 제외한 나머지 시험관에 아밀레이즈 용액 1 mL를 넣어 혼합한 후 30분 반응시킨다. C 시험관에는 정제수 1 mL를 넣는다.

④ 별도의 시험관에 시험관 A~F의 용액의 반을 덜어 넣는다.

⑤ 아이오딘-아이오딘화칼륨용액을 1~3 방울 떨어뜨려 색깔의 변화를 관찰한다.

⑥ 용액이 남은 각 시험관에 베네딕트용액을 1~3방울 넣은 후 가열하여 색깔의 변화를 관찰한다.

1. 효소의 반응 결과를 아래 표에 기입하라.

시험관	A	B	C	D	E	F
처리	증류수+ 아밀레이즈 (얼음물)	증류수+ 아밀레이즈 (100°C 물)	증류수+ 증류수 (37°C)	증류수+ 아밀레이즈 (37°C)	HCl+ 아밀레이즈 (37°C)	NaOH+ 아밀레이즈 (37°C)
아이오딘 반응						
베네딕트 반응						

2. 아이오딘 반응에서 청남색을 나타내는 시험관은 어느 것인가? 왜 그런지 이유를 설명하라.

3. 시험관 A, B, D에서 아밀레이즈 효소의 활성이 있는 시험관은 어느 것인가? 이 효소 반응에 미치는 영향은 무엇인가?

4. 시험관 D, E, F에서 아밀레이즈 효소의 활성이 있는 시험관은 어느 것인가? 이 효소 반응에 미치는 영향은 무엇인가?

5. 베네딕트반응을 보인 시험관은 어느 것인가? 왜 그런지 이유를 설명하라.

미생물에 의한 당의 알코올 발효

실험목표 • 발효(fermentation)의 특징을 이해하고 당의 발효를 통해 생성되는 물질을 알아볼 수 있다.

필요 지식

[1] 세포 호흡(respiration)과 발효(fermentation)

1. 호흡과 발효의 의미

세포에서 유기물을 분해하여 생명 활동에 필요한 에너지(ATP)를 얻는 과정을 세포 호흡이라고 한다. 호기성생물은 유산소 호흡으로 물질대사에서 유리 산소로 물질을 완전히 산화시켜 그것이 지닌 모든 화학적 에너지를 해리시켜 ATP를 생산하며 최종적으로 이산화탄소와 물로 분해한다. 한편 혐기성생물은 무산소 호흡으로 일부의 열량만을 유리시켜 ATP를 생산한다. 발효도 일종의 무산소 호흡이다. 발효는 미생물이 산소가 없는 상태에서 당이나 기타 유기물을 그보다 에너지가 적은 중간물질로 분해시켜 생성되는 에너지를 이용하여 균체의 증식을 꾀하는 현상이다. 근래에는 발효라는 의미가 넓어져 유리 산소의 존재 상태에서 미생물이 유기화합물을 불완전 산화하여 대사중간물을 축적하는 현상을 산화적 발효라고 하며, 미생물이 합성반응으로 아미노산을 축적하는 것과 같은 현상을 아미노산 발효라고 한다. 즉, 미생물이 어떤 특정 물질을 주요 대사산물로 축적하는 현상을 발효라고 한다.

2. 호흡과 발효의 종류

세포 호흡에는 산소를 이용하여 유기물을 분해하는 유산소 호흡과 산소 없이 유기물을 분해하는 무산소 호흡으로 발효와 부패가 있다. 발효는 생성물의 종류에 따라 알코올 발효, 젖산 발효, 아세트산 발효 등으로 구분한다.

3. 생성물의 장소

원핵생물은 세포질에서, 진핵생물은 세포질과 미토콘드리아에서 ATP가 생성된다.

4. 기질

세포 호흡의 재료가 되는 유기물로 탄수화물, 단백질, 지방이 호흡 기질로 이용된다. 여러 유기 영양소 중에서 포도당이 호흡 기질로 가장 많이 이용되며, 대부분의 생물이 포도당을 주 호흡 기질로 이용한다. 사람의 경우 적혈구는 포도당만을 호흡 기질로 이용하며, 뇌 활동에는 특히 많은 양의 포도당을 필요로 한다.

[2] 알코올 발효

1. 정의

산소가 없거나 부족한 상태에서 효모가 포도당을 분해하여 에탄올과 이산화탄소를 생성하는 과정이다.

2. 과정

알코올 발효는 무산소 상태에서 효모가 포도당을 분해하여 에탄올을 생성하는 과정이다. 포도당 1분자가 해당 작용을 거치면서 2ATP와 2NADH를 생성하고, 피루브산 2분자로 분해된다. 피루브산은 탈탄산효소에 의해 이산화탄소(CO_2)를 방출하고 아세트알데하이드가 된다. 아세트알데하이드는 NADH로부터 수소를 받아 에탄올(C_2H_5OH)로 환원된다. 이때, 재생된 NAD^+는 다시 해당 작용에 투입되어 해당 작용이 지속적으로 일어날 수 있다.

$$C_6H_{12}O_6 \longrightarrow 2CH_3COCOOH \longrightarrow 2C_2H_5OH + 2CO_2 + 55.8\ kcal$$

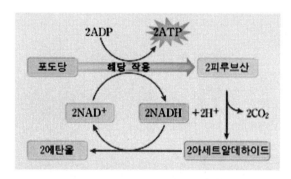

[그림 3-1] 에탄올 발효과정

[3] 젖산 발효

1. 정의

산소가 없거나 부족한 상태에서 포도당을 분해하여 젖산을 생성하는 과정으로 주로 젖산균에 의해 일어나며, 사람의 근육 세포에서도 일어난다.

2. 과정

포도당 1분자가 해당 작용을 거치면서 2ATP와 2NADH를 생성하고, 피루브산 2분자로 분해된다. 피루브산은 NADH로부터 수소를 받아 젖산으로 환원된다. 이때, 재생된 NAD^+는 다시 해당 작용에 투입되어 해당 작용이 지속적으로 일어날 수 있다.

$$C_6H_{12}O_6 \longrightarrow 2CH_3COCOOH \longrightarrow 2CH_3CH(OH)COOH + 54.8\ kcal$$

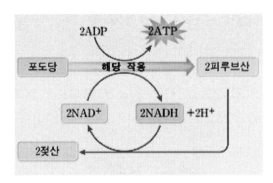

[그림 3-2] 젖산 발효과정

실험 재료 및 방법   미생물에 의한 당의 알코올 발효

[1] 재료(시료 및 시약)

- 포도당
- 활성과립효모
- 40% KOH용액

[2] 기기(장비 및 기구)

- Einhorn 발효관
- 비이커
- 유리 막대
- 일회용 스포이드
- 솜(혹은 파라필름)
- 배양기

[3]실험 방법

① 비이커에 미지근한 물(30~40℃)로 10%wt 포도당 용액 50 mL를 만들고, 여기에 활성과립효모 0.5~1 g을 넣고 유리 막대로 저어 준다.

② 효모가 들어 있는 포도당 용액을 조심스럽게 발효관에 채운다. 이때 팽대부의 반이 찰 때까지 채운다.

③ 맹관부에 기포가 들어가지 않도록 발효관을 세운 다음 입구를 솜마개로 막고 40℃ 배양기에 넣고 발효를 시작한다.

④ 5분 간격으로 맹관부에 축적되는 기체의 양을 60분간 측정하여 기록한다. 측정이 끝나면 솜마개를 빼고 냄새를 맡아 본다.

※ 효모의 활성(보존상태 및 보존기간 등)에 따라 반응시간은 달라질 수 있다.

⑤ 스포이드로 발효관의 팽대부 부분의 용액을 약 10~15 mL 뽑아 낸다.

⑥ 40% KOH용액을 발효관에 10~15 mL 첨가한 후 흔들어 혼합한 다음 변화를 살펴 본다.

⑦ 위의 실험 과정을 효모를 첨가하지 않은 포도당 용액에 대해서도 반복한다.

1. 효모에 의한 당의 발효에서 나오는 기체 발생량의 변화를 표와 그래프에 나타내 보자.

시간	5분	10분	15분	20분	25분	30분	35분	40분	45분	50분	55분	60분
기체 발생량 (mL)												
기체 증가량 (mL)												

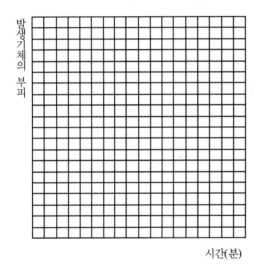

시간(분)   시간(분)

2. 맹관부의 기체양은 시간이 지남에 따라 어떻게 되는가?

3. 발효관 입구를 솜마개로 막는 주된 이유는 무엇인가?

4. 냄새를 맡아 볼 때 무슨 냄새가 나는가?

5. 40% KOH용액을 첨가 했을 때 맹관부의 기체양은 어떻게 되며 발효관에는 어떤 현상이 일어나는가? 그 이유는 무엇인가?

6. (5)의 결과로부터 이 기체는 무엇인가?

7. 발생기체 부피의 증가량이 가장 많은 시간대는 언제인가? 그 이유는 무엇이라 생각하는가?

발효유 발효

4-1 요구르트 제조

실험목표	• 우유를 이용하여 발효반응으로 요구르트를 만들 수 있다.

필요 지식

[1] 개요

요구르트는 우유류에 Lactobacillus bulagaricus 및 Streptococcus thermophilis를 접종·발효하여 만든 제품으로 이들의 미생물이 다량으로 존재한다. 원료유로는 우유 외에 염소젖·면양유가 사용되고 있으나 보통의 우유는 요구르트 원료로서는 성분이 부족하여 일반적으로는 탈지분유 등을 첨가하여 만든다. 비교적 산이 많고 상쾌한 풍미가 있는 식품이다.

본래 요구르트는 발칸 지방·중동, 특히 동부 지중해연안 제국에서 만들어 먹었다. 요구르트를 마시면 젖산균이 장내에서 유해균을 억압하고, 그 결과 부패성분의 발생·흡수를 억제한다고 하여 제조와 음용이 전 세계적으로 보급되었다.

[2] 요구르트의 분류

요구르트는 죽 모양의 호상 요구르트와 액상 요구르트로 크게 둘로 나누며, 그 제조 방법에 따라 하드(hard) 요구르트, 소프트(soft) 요구르트, 액상(liquid) 요구르트, 프로즌(frozen) 요구르트로 대별된다. 호상 요구르트는 농후 발효유로서 무지 고형분이 8.0% 이상이고 유산균 수가 108/mL 이상 존재하며 과육이나 과일 잼을 첨가하여 먹을 수 있도록 만든 요구르트이다. 액상 요구르트는 보통 요구르트의 커드를 분쇄·발효하여 반유동체로 제품화 한 것이다.

1. 하드(hard) 요구르트[후발효형(정치형)]

한천이나 젤라틴을 가하여 굳게 한 프린상의 요구르트로 원료유, 설당, 향료 등의 원재료와 유산균을 용기에 채워 발효한 것으로 안정제를 첨가하였다.

2. 플레인(plain) 요구르트[후발효형(정치형)]

설탕이나 향료 등을 첨가하지 않고 우유를 유산균으로 발효한 것으로 안정제를 첨가하지 않았다.

3. 소프트(soft) 요구르트[전발효형(교반형)]

발효한 원료 믹스를 섞어서 연하고 매끈매끈하게 하고서 용기에 충전한 요구르트에 설탕이나 과육 등이 가해진 것으로 안정제를 첨가하지 않았다.

4. 드링크(drink) 요구르트[전발효형(교반형)]

발효한 원료 믹스를 섞어서 액상으로 한 요구르트로 안정제를 첨가하였다.

5. 프로즌(frozen) 요구르트[전발효형(교반형)]

발효한 원료 믹스를 교반하면서 얼게 한 아이스크림 모양의 요구르트로 안정제를 첨가하였다.

[3] 요구르트의 제조방법

요구르트 제조방법은 원료를 용기에 충전하고 나서 발효하는 방법과 원료유를 탱크 중에서 발효시키고서 용기에 충전하는 방법으로 크게 두 가지가 있다. 전자의 예는 플레인(plain) 요구르트의 제조공정을, 후자의 예로는 소프트(soft) 요구르트의 제조공정을 각각 그림 4-1, 그림 4-2에 나타내었다.

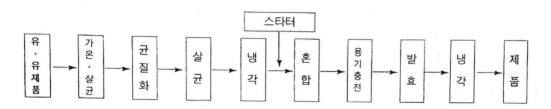

[그림 4-1] 플레인(plain) 요구르트의 제조공정

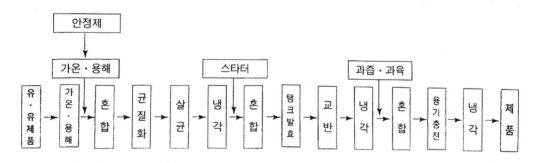

[그림 4-2] 소프트(soft) 요구르트의 제조공정

[4] 요구르트 유산균

요구르트 제조에는 유산균인 간균 Lactobacillus bulgaricus와 구균 Streptococcus thermophilus의 혼합유산균을 스타터로 사용하고 있다. 간균은 아세트알데히드 (acetaldehyde)와 같은 맛과 향기의 물질을 생산하고 구균은 간균보다 빨리 생장하며

산의 생성에 주된 역할을 한다.

Streptococcus thermophilus는 발효 초기에 급속히 증식하여 당 대사에 따라 개미산, 피루브산 등을 생성하고, 이것이 Lactobacillus bulgaricus의 생육을 촉진한다. 발효가 진행되면서 Streptococcus thermophilus의 산도 상승과 더불어 늦게 생육하는 Lactobacillus bulgaricus에 의해 단백질 분해되어 아미노산이 유리되고, 이것은 Streptococcus thermophilus의 생육을 촉진한다.

[5] 요구르트 효능

요구르트는 정장작용, cholesterol 저하작용, 암 예방효과, 각종 비타민B 생성, 칼슘이 젖산에 녹아 흡수가 쉽게 되게 돕는 등의 생리효과가 있는 것으로 인정하고 있다.

▶ 총 산도 측정

피펫을 이용하여 발효된 요구르트 9 g을 덜어서 50 mL의 비이커에 넣고 페놀프탈레인 지시약을 2방울 떨어뜨린다. 그 다음 0.1N NaOH로 분홍색이 나타날 때까지 적정하고 적정한 NaOH의 부피를 측정한다.

[적정산도 계산]

%유산 = 0.1 N NaOH mL 값 × 보조인자 × 0.009/시료의 용량 × 비중 × 100

시료가 9 g 경우 = NaOH mL값 × 보조인자 × 0.1

발효가 잘된 것은 pH가 4.5 정도, 총 산도가 0.9%가 예상되며 부드러운 고형의 커드가 관찰되며, 막 제조된 요구르트의 세균의 수는 $10^9/g$이다.

[1] 재료(시료 및 시약)

- 유지방 우유 500 mL
- *Lactobacillus bulgaricus*(간균)와 *Stereptococcus thermophilus*(구균)
  또는 시판용 요구르트 1병(50~150 mL)

[2] 기기(장비 및 기구)

- 배양기(또는 요구르트 제조기나 slow cooker)
- 락앤락 900 mL 용기
- 유리 막대

[3] 실험 방법

① 요구르트를 만들 용기는 뜨거운 물로 한번 소독한다.
② 우유는 지방 함량이 1.5%~2% 정도되는 우유를 사용한다. 저지방 우유나 무지방 우유는 되도록 사용하지 않는 편이 좋다.
③ 미리 배양해둔 *Lactobacillus bulgaricus*(간균)과 *Stereptococcus thermophilus*(구균)을 1.25%가 되게 첨가하거나 시판 중인 요구르트 50~150 mL를 넣고 유리 막대로 잘 섞어 준다.
④ 용기 뚜껑을 닫고 37°C에서 6~7시간 배양기에 넣고 발효시킨다. 요구르트 제조기에서는 3시간(47°C) 정도 배양하고, 전기밥솥 또는 slow cooler에서는 5시간 정도 배양한다.
⑤ 발효 후 pH 및 총 산도를 측정한다.
⑥ 맛은 냉장고에 보관 후 48시간이 지난 후 측정한다.
⑦ 만든 요구르트는 냉장고에 넣어 4~5일간 저장할 수 있으며 오래 두면 표면에 곰팡이가 생기거나 너무 시어지는 경우가 있으므로 가능한 한 빨리 먹는 것이 좋다.

1. 요구르트 제조에 사용되는 일반적인 starter는 무엇인가?

2. 요구르트의 발효조건은?

3. 요구르트의 pH값은 얼마인가?

4. 요구르트의 풍미를 평가해보라.

샘플 \ 강도	0	1	2	3	4	5
색깔						
성상						
향						
단맛(혹은 감칠맛)						
신맛						
쓴맛						
짠맛						
떫은 맛						

4-2 치즈 제조

실험목표	• 우유를 이용하여 발효반응으로 치즈를 만들 수 있다.

필요 지식

[1] 개요

치즈는 우유에 젖산균을 첨가하여 젖산을 생성시킴과 동시에 응유효소인 레닛 (rennet)을 가하여 우유를 응고시킨 다음, 유청을 분리하고 카세인(casein)과 유지방의 응고체인 커드(curd)를 회수하여 숙성시킨 것이다. 치즈는 아라비아의 상인이 낙타를 끌고 사막을 오고 가는 길에 양의 위주머니에 넣어둔 우유가 응고되어서 만들진 것을 우연히 발견하게 되었다. 이렇게 제조된 치즈는 19세기 중반까지는 농가나 수도원에 서 주로 제조되다가 1850년대 들어서 공업화하기 시작하였다. 우리나라는 1966년 벨 기에 출신 디디에세스테벤스(한국명: 지정환) 신부가 전북 임실에서 생산하기 시작하 면서부터 보급이 되었다. 치즈는 보관하기 어렵고 영양학적으로 가치가 높은 우유 단 백질을 효과적으로 저장하는 한 방법이다.

오늘날 세계에는 그 종류가 800여 종에 이를 정도로 종류가 다양하다. 치즈는 크게 천연치즈(natural cheese)와 가공치즈(processed cheese)로 나누어지며, 천연 치즈는 커 드가 신선한 상태에서 바로 식용하는 것과 장기간 숙성을 요하는 것 등 그 종류가 다 양하고, 가공 치즈는 2종 이상의 천연치즈(natural cheese)를 배합하여 가열, 용해시켜 서 만든 것으로 보존성이 높고 품질이 균일한 것이 특징이다.

[2] 치즈의 종류

세계 각국 치즈의 종류는 800여종이 있으며 각종 분류방법이 제시되고 있으나, 치 즈의 원료, 제조법, 숙성법 등에 따라 분류할 수 있지만, 일반적으로 치즈의 경도와 숙성방법에 따라 나눈다. 천연치즈(natural cheese)와 가공치즈(processed cheese)로 분류된다(표 4-1).

[표 4-1] 치즈의 종류와 특성

치즈 타입	수분 함량	치즈 종류
연질 치즈 (soft cheese)	55~80%	• 비숙성: Cottage, Mozzarella, Cream, York, Cambridge • 젖산균 숙성: Belpaese, Colwich, Lactic, Quarg • 곰팡이 숙성: Camembert, Brie, Neufchatel • 유청 치즈(whey cheese): Ricotta, Mysost, Primost
반연질 치즈 (semi-soft cheese)	45~55%	• 젖산균 숙성: Brick, Munster, Limburger, Port du Salute • 곰팡이숙성: Blue, Gorgonzola, Roquefort, Stilton
경질 치즈 (hard cheese)	34~45%	• 젖산균 숙성: Cheddar, Gouda, Edam • 프로피온산균 숙성(가스 구멍 있음): Emmental, Gruyere, Asiago
초경질 치즈 (very soft)	13~34%	• 세균 숙성: Parmesan, Romano, Sapsago
가공 치즈 (processed cheese)		• process cheese food, process cheese spread

[3] 치즈제조용 미생물

치즈제조용 스타터(Starter)로 사용되고 있는 미생물을 표 4-2에 나타내었다. 유산균은 모든 치즈의 제조에 사용되고 단일 균주로서 혹은 산 생성 균주와 방향 생성 균주를 조합한 혼합균주 스타터로서 사용하고 있다. 사용 목적에 따라 스타터(starter) 미생물은 젖산 생성용, 프로피온산 생성용, 곰팡이 발생용 및 풍미 생성용 등으로 구분되며, 미생물 생육 온도에 따라서 중온성, 고온성 스타터 등으로 구분된다.

1. 유산균 스타터

(1) 산업용 스타터 유산균의 선택 조건

(가) 일정한 시간 내에 충분한 젖산을 생산할 수 있어야 한다.

(나) 발효 공정에 이용되는 온도 범위에서 젖산 생성 능력이 있어야 한다.

(다) 최종 생산된 제품이 균일한 향, 맛, 색깔을 가질 수 있어야 한다.

(2) 유산균 스타터의 기능

(가) 젖산 발효

우유의 유당이 유산균에 의해 젖산으로 변화하는 유형의 발효로서 유산균 스타터를 사용하는 가장 중요한 목적이다.

(나) 풍미 생성

치즈의 성분을 분해하여 스타터 미생물의 종류에 따라서 고유의 독특한 풍미 물질을 생성한다.

(다) 단백질 분해

치즈 숙성 중에 일어나는 가장 중요한 분해 작용으로서 유산균의 단백질 분해력은 미약하지만 곰팡이 스타터의 단백질 분해력은 매우 강하다.

2. 프로피온산균 스타터

프로피온산 박테리아는 *Propionibacterium shermanii*, *Propionibacterium freudenreichii* 등이 있으며 이 균들은 스위스 치즈의 스타터로 사용되고 프로피온산의 발효를 목적으로 한다. 유산균이 생성하는 젖산을 더욱 분해하여 프로피온산, 아세트산, 이산화탄소, 물 등으로 만든다.

3. 곰팡이 스타터

(1) 곰팡이 스타터의 특징

(가) Penicillium roqueforti

푸른곰팡이 치즈 제조에 사용되며 치즈 내부의 커드 사이에서 자라며 대리석 문양을 나타낸다. 이 곰팡이는 단백질 및 지방의 분해력이 강하며 균체의 밖으로 효소를 분비하여 치즈를 숙성시킨다. 푸른곰팡이를 사용하는 블루치즈에는 로크포르(roqurfort), 블루(blue), 스틸턴(stilton) 치즈 등이 있다.

(나) Penicillium camemberti

흰곰팡이 치즈 제조에 이용되며 치즈 외부에 흰색의 균사체를 형성하여 치즈를 숙성시키며 카망베르, 고르곤 졸라 등이 여기에 속한다.

[표 4-2] Cheese starter의 주요 미생물

균종명	용도
Lactococcus lactis subsp. lactis (구명: *Lactococcus lactis*)	치즈용 스타터로서 일반적으로 사용된다.
Lactococcus lactis subsp. cremoris (구명: *Streptococcus cremoris*)	치즈용 스타터로서 일반적으로 사용된다.
Lactococcus lactis subsp. lactis (구명: *Streptococcus diastilactis*)	방향 생산용으로 사용된다.
Streptococcus thermophilus	Emmental, Parmesan 등과 고온 쿠킹치즈에 사용된다.
Lactobacillus helveticus	Emmental, Parmesan 등과 고온 쿠킹치즈에 사용된다.
Lactobacillus delbrueckii subsp. bulgaricus (구명: *Lactobacillus bulgaricus*)	Emmental, Parmesan 등과 고온 쿠킹치즈에 사용된다.
Leuconostoc mesenteroids subsp. cremoris (구명: *Leuconostoc citrovorum*)	방향 생산용으로 사용된다.
Propionobaterium freudenreichii	Emmental, Gruyere 등의 치즈아이 형성 치즈에 사용된다.
Penicillium caseicolum, P. camemberti	Camenbert, Brie 등의 흰곰팡이 치즈에 사용된다.
Penicillium roqueforti	Blue cheese, Roquefort 치즈 등의 푸른곰팡이치즈에 사용된다.

(2) 곰팡이 스타터의 사용법

(가) 푸른곰팡이를 사용하는 블루치즈(blue cheese)의 경우

1) 레닛(rennet)을 첨가하기 전에 유산균 스타터와 함께 우유에 직접 첨가하는 방법

2) 유청 제거 후 커드를 성형 틀에 채워 넣으면서 곰팡이 현탁액을 커드와 혼

합하여 첨가하는 방법

    3) 식염과 분말 스타터를 혼합하여 생치즈의 표면에 피복하는 방법

(나) 흰곰팡이를 사용하는 카망베르 치즈의 경우

    1) 레닛(rennet)을 첨가하기 전에 유산균 스타터와 함께 우유에 직접 첨가하는 방법

    2) 가염 전에 생치즈의 표면에 곰팡이 현탁액을 살포하는 방법

    3) 식염과 분말 스타터를 혼합하여 치즈의 표면에 피복하는 방법

[4] 응유효소와 응고

응유효소는 젖먹이 송아지 제4위에서 추출한 단백질 분해효소의 하나로 레닛(rennet)이며 주성분은 키모신(chymosin)이다. 키모신(EC 3.4.23.4)은 기질 특이성이 높은 단백질 분해효소이고 κ-casein의 105~106번째 아미노산인 페닐알라닌(phenylalanine)과 메싸이오닌(methionine)의 결합을 절단한다. 그 결과 카세인 마이셀(casein micelle)은 불안정하게 되어 칼슘과 결합하여 응집하는데 이 현상을 응고(coagulation)라고 한다. 응고 현상은 κ-casein의 80%가 분해되면 카세인 마이셀은 소수성을 띠게 되어 서로 결합하게 되고, 이 구조가 3차원적인 네트워크가 단단한 커드 젤(gel)이 된다. 레닛 응고 최적온도는 40~41℃, 최적 pH는 4.8이며 Ca^{2+}을 필요로 하는 효소적 특성이 있다. 현재에는 유전자 재조합 기술로 생산된 키모신(chymosin)이 판매되고 있다. 현재 실용화되고 있는 대표적인 미생물 레닛은 *Rhizomucor (Mucor) pusillus*, *Rhizomucor (Mucor) miehei*에서 생산되고 있다.

[5] 커드(curd)와 유청의 분리 및 절단

커드의 절단은 커드 표면적을 넓게 하여 치즈 유청의 배출을 쉽게 하고 온도를 높일 때 균일하게 온도가 올라가도록 하는 것에 목적이 있다. 커드의 굳기가 적당해지면 생성된 커드를 절단하여 치즈 유청(cheese whey)의 배출을 쉽게 한다. 커드가 깨끗이 절단되어 투명한 유청이 스며나오면 잘 된 것인데 이 때 유청의 산도는 0.10~0.12%

이다. 절단된 커드는 agitator로 교반하면서 커드 입자가 서로 엉기는 것을 방지하여야한다. 커드(curd)의 수축을 촉진하고 유청(whey)의 분리가 잘 되게 하기 위하여 치즈배트(cheese vat)에 뜨거운 물을 가하는데, 경질 치즈는 37~38℃로, 연질 치즈는 31℃로, 특별 경질 치즈는 50℃까지 가열한다. 온도는 4~5분에 1℃씩 서서히 올린다. 가온에 의해 커드의 크기는 약 반으로 줄어든다.

커드가 알맞게 굳어지고 유청의 산도가 적당하게 상승하면 치즈 배트(cheese vat) 밑에 있는 배수구를 통해서 유청(whey)을 제거한다.

[표 4-3] 응유효소의 종류

종류	효소명	소재
동물성	chymosin pepsin	송아지의 제4위 돼지·소의 위
식물성	ficin papain	무화과나무의 수액, 과즙 파파이야 과실
미생물	rennise speren	*Mucor pusillus, M. miehei* *Endothia. parasitica*
유전자 조작	chymosin	대장균 clone

[6] 치즈 성형 및 압착

유청(whey)의 제거가 끝나면 커드를 일정한 치즈롤에 넣고 압착기로 압착(moulding, pressing)하여 유청을 제거하는 동시에 일정한 크기와 모양을 갖게 한다. 압착 방법은 지방의 유출을 막기 위하여 천천히 가압하여 예비 압착($2~3 \text{ kg/cm}^2$의 압력으로 30분 정도)을 한 다음, 밀착된 치즈 커드를 꺼내어 반전하여 천으로 싸고, 다시 틀에 넣어서 본 압착($5~10 \text{ kg/cm}^2$의 압력으로 8~12시간 또는 1~2일간)을 하는 것이 보통이다.

[7] 가염

치즈에 가염을 하는 것은 풍미를 좋게 하고 수분함량 조절, 잡균 오염방지 및 과도한 젖산발효 억제, 유청(whey)을 완전히 제거하여 수축 경화를 하는데 목적이 있다. 가염 방법은 습염법과 건염법으로 나눌 수 있는데 전자의 방법은 압착 후에 약 20% 염화나트륨 용액에 침지하는 것이고 후자의 방법은 커드의 표면에 마른 소금을 문지르거나 살포하는 두 가지 방법이 있다. 가염 후의 치즈를 생치즈(green cheese)라 한다.

[표 4-4] 치즈 종류에 따른 식염량

치즈종류	함량(%)
Edan cheese	2.2~2.4
Cheddar cheese	1.3~2.0
Swiss cheese	1.5~2.0
Cottage cheese	0.8~1.2
Cammembert cheese	3.1~3.6
Cream cheese	0.5~1.2
Limburger cheese	3.5~4.1
Blue cheese	3.0~5.0
Tilsit cheese	2.5~2.9
Gouda cheese	1.3~2.3
Romadar cheese	2.5~3.5

[8] 치즈 숙성

치즈에는 연질치즈(Cottage cheese, Cream cheese 등)와 같이 숙성하지 않는 치즈도 있으나 대부분은 수개월 이상 숙성시킨다. 압착과 가염을 마친 생치즈(green cheese)는 조직이 단단하고 풍미가 없으나, 이 생치즈를 일정기간 숙성시키면 특유의 풍미와 부드러운 조직을 갖게 된다. 치즈의 숙성(ripening)은 효소와 미생물의 작용에 의하여 이루어지므로 알맞은 조건을 만들어 줄 필요가 있다.

[표 4-5] 각종 치즈의 숙성조건

치즈의 종류	온도(°C)	상대습도(%)	기간
Parmesan	12~15	80~85	14개월 이상
Emmental(Ⅰ)	21~23	80~85	5~8주간
Emmental(Ⅱ)	7~11	80~85	8~9개월
Cheddar	13~15	85~90	6개월
Gouda	13~15	85~90	4~5개월
Edam	13~15	85~90	6개월
Brick	16	90~95	2개월
Limburg	15~20	90~95	2개월
Blue	10	90~95	2개월
Camembert	12~13	85~90	3~4주간

실험 재료 및 방법　치즈 제조

[숙성 치즈]

[1] 재료(시료 및 시약)

- 탈지유
- 효소(rennet)
- 젖산균 stater
- 색소(annatto 색소를 탄산나트륨에 용해)
- 식염

[2] 기기(장비 및 기구)

- curd knife
- 온도계

- 교반기(agitator)
- 치즈 배트(cheese vat)
- 압착기

[3] 실험 방법

원료유 → 살균 및 세균 → 스타터(starter)첨가 → 레넷(rennet)의 첨가 → curd의 절단 → curd의 가온 → 유청배제 → 틀에 넣기 및 압착 → 가염 → 숙성 및 피복 → 포장 및 제품

① 신선한 우유나 탈지유를 사용하고 지방이 3.25%에 산도가 0.15%가 되도록 크림이나 탈지유를 가하여 조절한다. 치즈의 주성분은 casein과 유지방이므로 두 성분의 함량이 많을수록 수율(收率)이 높아진다.

② 지방과 산도 조절이 된 우유(탈지유)를 62℃에서 30분간(71~75℃에서 15초) 살균하고 30℃로 냉각한다. 여기에 젖산균 starter 2%를 첨가하고 산도가 0.18~0.2%될 때까지 1.5~2시간 발효한다.

   * 젖산균은 우유의 락토오스를 발효하여 젖산을 생성하고, 이 젖산은 치즈 제조 과정에서 잡균 번식을 억제하며 동시에 다음에 더해질 레닛 작용을 도와준다.

③ 발효가 끝나면 식물성 색소인 annatto 추출액을 0.01~0.04%(분말인 경우 0.002~0.004%) 첨가한다.

④ 미리 냉수에 녹여 둔 레닛을 넣고 4~5분간 교반한 후 30~40분 동안 방치하여 두면 우유단백질이 응고 되어 커드가 형성된다. 레닛에 의한 최적 응고 조건은 온도 40~41℃, 최적 pH 4.8, Ca^{2+}을 필요로 한다.

⑤ 적당히 굳은 커드를 주사위 모양으로 절단하여 천천히 휘저으면 커드가 수축하여 유청(whey)이 내부로부터 배출되어 흰색의 커드와 황록색의 유청으로 분리된다.

⑥ 커드를 모아 헝겊으로 싸고 넓게 굳히며 이 가운데 커드 입자를 모아 틀에 채우고 치즈 압착기로 압착하여 유청을 제거하는 동시에 일정한 크기와 모양을 갖게

한다. 다음에 소금을 표면에 2~2.5% 가하거나 식염수에 1~3일 동안 담가 놓는다.

⑦ 가염이 끝난 생치즈는 1~2일간 표면을 건조시킨 후 10~15°C에서 습도 80~90%의 숙성실에서 3~6개월 동안 숙성시켜 특유의 풍미와 부드러운 조직을 갖게 만든다. 숙성하는 동안 수분 증발에 의한 감량을 막기 위해 100~150°C로 가열시킨 파라핀(paraffin)을 5~10초 정도 치즈 표면에 입히거나 크린 랩으로 씌운다. 보통 100g의 우유에서 10~13 g의 치즈가 얻어진다.

[비숙성 치즈(생치즈): 리코타 치즈]

[1] 재료(시료 및 시약)

- 우유 500 mL
- 생크림(또는 휘핑크림) 250 mL
- 레몬 1/2개
- 설탕
- 소금

[2] 기기(장비 및 기구)

- 가열판(또는 가스렌지)
- 냄비
- 주걱
- 면포
- 플라스틱 보관용기
- 냉장고

[3] 실험 방법

① 냄비에 우유 500 mL과 생크림(또는 휘핑크림) 250 mL을 넣는다.

② 중간 불로 가열하면서 저어 준다.

③ 미리 레몬 반개의 즙을 짜서 준비해 둔다.

④ 우유가 끓어오르면 약한 불로 줄이고, 레몬즙, 설탕 3 g, 소금 3 g을 넣어준다. 끓기 시작하면 순식간에 부풀어 오르기 때문에 집중한다.

⑤ 약한 불에서 약 2분 정도 가열하면서 천천히 저어 준다. 너무 강하게 휘저으면 응고된 커드(curd)가 분해될 수 있으므로 주의한다.

⑥ 불을 끄고, 면포를 이용하여 유청을 제거한 후, 냉장고에서 굳혀 준다.

1. 숙성치즈와 비숙성치즈에 대하여 설명하라.

2. 치즈를 경도에 따라 분류하라.

3. 100 g의 우유에서 일반적으로 몇 g의 치즈가 얻어지는가?

4. 생치즈의 풍미를 평가해보라.

샘플 \ 강도	0	1	2	3	4	5
색깔						
성상						
향						
단맛(혹은 감칠맛)						
신맛						
쓴맛						
짠맛						
떫은 맛						

4-3 발효유 제조

실험목표	• 우유를 이용하여 발효반응으로 발효유를 만들 수 있다.

필요 지식

[1] 발효유(fermented milk)

발효유(fermented milk)란 원유 또는 유가공품을 유산균·효모로 발효시킨 것, 또는 여기에 향료나 과즙 등을 위생적으로 첨가한 발효식품이다. 수천 년 전부터 세계 각지의 목축 문화권에서 우유, 산양유 및 마유 등의 전통적 발효유가 이용되어 왔으나 20세기에 이르러 공업제품으로서 여러 나라에서 생산·소비하게 되었다. 발효의 과정에서 균체의 증식과 더불어 우유 중의 유당(lactose)에서 유산이 생성되어 우유 단백질이 분리되어 펩타이드나 유리 아미노산이 증가된다.

[2] 발효유의 유형

1. 발효유

원유 또는 유가공품을 발효시킨 것이거나, 이에 식품 또는 식품첨가물을 가한 것으로 무지유 고형분 3% 이상의 것을 말한다.

2. 농후 발효유

원유 또는 유가공품을 발효시킨 것이거나, 이에 식품 또는 식품첨가물을 가한 것으로 무지유 고형분 8% 이상의 호상 또는 액상의 것을 말한다.

3. 크림 발효유

원유 또는 유가공품을 발효시킨 것이거나, 이에 식품 또는 식품첨가물을 가한 것으로 무지유 고형분 3% 이상, 유지방 8% 이상의 것을 말한다.

4. 농후 크림 발효유

원유 또는 유가공품을 발효시킨 것이거나, 이에 식품 또는 식품첨가물을 가한 것으로 무지유 고형분 8% 이상, 유지방 8% 이상의 것을 말한다.

5. 발효 버터유

버터유를 발효시킨 것으로 무지유 고형분 8% 이상의 발효식품이다.

6. 발효유 분말

원유 또는 유가공품을 발효시킨 것이거나 이에 식품 또는 식품첨가물을 가하여 분말화한 것으로 유고형분 85% 이상의 것을 말한다.

[표 4-6] 발효유류의 규격 및 보존·유통기준

구분	발효유	농후발효유	크림발효유	농후크림발효유	발효버터유
성상	고유의 빛깔과 향미를 가진 액상으로서 이미, 이취가 없어야 한다.				
무지유 고형분	3.0% 이상	8.0% 이상	3.0% 이상	8.0% 이상	8.0% 이상
유지방	–	–	8.0% 이상	8.0% 이상	1.5% 이상
유산균 수 또는 효모 수	10^7/1 mL 이상	10^8/1 mL 이상 (단, 냉동제품은 10^7/1 mL 이상)	10^7/1 mL 이상	10^8/1 mL 이상 (단, 냉동제품은 10^7/1 mL 이상)	10^7/1 mL 이상
대장균군	음성	음성	음성	음성	음성
보존 및 유통기준	• 제품은 0~10°C에서 냉장보관 하여야 하며, 냉동제품은 -15°C 이하에서 보관하여야 한다. • 유통기간(단, 냉동제품은 제외) 발효유, 크림발효유, 발효버터유 ········ 7일(0~10°C) 농후 발효유, 농후 크림발효유 ············· 10일(0~10°C)				

[3] 원료

1. 원료유

발효유 제조에 사용되는 원료유로는 주로 소·염소·양의 젖이 사용되며, 낙타나 물소(buffalo)의 젖으로도 가능하다. 발효유는 유방염 치료에 투여되는 항생물질이나 이물질이 없는 것을 선택한다. 발효유의 유고형분을 강화하기 위하여 연유와 탈지분 등을 첨가하고 있는데, 고형분이 많을수록 요구르트의 조직이 단단하게 되고, 고형분이 적을수록 조직이 연약하게 된다. 원료유의 고형분 함량을 높이는 방법으로 우유에 대해서 일반적으로 분유 3~4% 첨가하거나 우유를 진공증발 농축하는 방법인데 농축기를 사용하여 수분을 보통 10~25% 제거한다. 한편 분유의 첨가나 농축에 의한 고형분의 증가는 젖당을 증가시켜 지나친 산 생성과 맛의 부조화를 초래하기도 한다.

2. 감미료

발효유에 첨가되는 감미료로는 예로부터 과당, 포도당, 설탕과 같은 당류가 많았지만, 최근 들어 올리고당, 철분, 천연물 추출물 등으로 확대되고 있는 추세이다.

3. 과즙 또는 잼

배양이 완료된 발효액은 그대로 먹을 수 있으나 산도가 높아 신맛이 강해 기호성이 낮다. 그래서 발효유에는 감미를 부여하고 식감을 증진시키기 위하여 과일 잼이나 꿀 등을 첨가하여 제조되는 것이 일반적이다.

호상 요구르트에는 과일 잼을 혼합하며 주로 딸기, 사과, 복숭아, 포도 잼 등이 사용된다. 드링크 요구르트의 경우에는 과즙의 형태로 첨가되는데, 그 종류로는 사과, 복숭아, 딸기, 살구, 파인애플 및 배 등이 있다.

4. 안정제 및 기능성 첨가물

천연 안정제로서 펙틴, 젤라틴 및 전분 등이 함유된 복합안정제가 사용되고 있으며 기능성 첨가물로서 호상 요구르트에는 식이 섬유인 파인파이버(fine fiber), 폴리덱스트로스(polydextrose), 충치 억제물질인 차 추출물과 두뇌 발육촉진 효과가 있는 것으로 알려진 DHA가 첨가되기도 한다. 드링크 요구르트에는 기능성 첨가물로 비피더스 증식인자로 알려진 올리고당, 식이섬유로서 파인파이버와 폴리덱스트로스 및 이눌린(inuline) 등이 사용되고 있다. 그러나 액상 요구르트에는 호상 요구르트나 드링크 요구르트와 같이 안정제와 과일은 사용되지 않으며 칼슘, 철, 비타민, 올리고당 등의 기능성 첨가물이 사용되고 있다.

[4] 균질화

균질화는 발효유류 제조에 사용되는 원료유에 환원 탈지유나 설탕, 펙틴 등을 첨가한 경우 원료유 성분을 균일하게 분산시키는 것인데, 요구르트의 점도증가와 안정성을 높이는 데 효과적이다. 균질기에 적용되는 압력의 범위는 $140 \sim 240 \, kgf/cm^2$ (2,000 ~3,000psi)를 사용한다.

[5] 살균

균질 공정이 끝나면 살균을 하는데 살균 방법에는 저온 장시간 살균법(LTLT; low temperature long time: $63 \sim 65°C$에서 30분간), 고온 단시간 살균법(HTST; high temperature short time: $72 \sim 75°C$에서 $15 \sim 20$초간), 초고온 순간 처리법(UHT; ultra high temperature: $130 \sim 150°C$에서 $0.5 \sim 5$초간) 등이 있다.

일부 공정에서는 열처리 후 홀딩(holding) 튜브를 거치는 공정이 포함되기도 하는데, 원료유에 존재하는 미생물의 완전 파괴뿐만 아니라 유청 단백질의 변성으로 유리 아미노산을 증가시키기기 위하여 $80 \sim 85°C$에서 약 30분 정도 수행한다.

[6] 발효

유산균을 접종하여 배양시키는 방식은 제품의 종류에 따라 다르다. 단기배양방법은 유산균이 접종된 우유는 일반적으로 $40 \sim 42°C$의 배양 온도에서 6시간 이내에 배양이 완료되고, 장기배양방법은 요구르트의 풍미를 개선하기 위하여 $32 \sim 37°C$에서 $10 \sim 24$

시간 정도 배양을 한다.

배양액의 pH가 4.5 정도에 다다르면 배양을 종료하고 바로 냉각해서 후산 발효를 억제시켜 균액의 pH 저하를 막아야 한다.

[7] 발효유의 종류 및 스타터(starter)

발효유의 주요한 종류와 그 원료 및 스타터(starter) 미생물은 표 4-7에 나타내었다.

[표 4-7] 세계 각국의 발효유와 스타터 미생물

제품명	원산지	주원료	주요 균종
젖산발효유			
Yoghurt	불가리아	우유, 탈지유, 설탕	*L. bulgaricus, Str. thermophilus, Str. lactis, Str. cremoris*
Cultured butter milk	미국	버터밀크, 탈지유	*Str. lactis, Str. diacetilactis, Str.cremoris, Leuc. citrovorum*
Acidophilus milk	독일	우유	*L. acidophilus*
Bifidus milk	독일	우유	*Bif.bifidus, L. acidophilus, Str. thermophilus*
Biogurt	독일	우유, 탈지유	*Str. lactis, L. acidophilus*
Bulgarian milk	불가리아	전유, 탈지유	*L. bulgaricus*
Gioddu	알지리아	우유, 마유, 산양유	*Sacch. sardous, Bacillus sardous*
Taette	스칸디나비아	우유, 탈지유	*Str. lactis*
Skyr	아이슬랜드	탈지유	*Str. thermophilus, L. bulgaricus*
Dahi	인도	우유	*Streptococcus, Lactobacillus,* 효모
Zabady	이집트	물소젖, 우유	*Can. pseudotopicalis, Str. thermophilus, L. bulgaricus*
알콜발효유			
Kefir	코카사스	우유, 산양유, 면양유	*Sacch. kefir, Str. lactis, Str.cremoris*
Kumiss	중앙아시아	마유, 낙타유, 당나귀유	*L. bulgaricus, L. cancasium*
Leben	아라비아	수우유, 우유, 산양유	*Sacch. torula, L. bulgaricus*
Mazun	알메니아	수우유, 우유, 면양유	효모, *Bac. lebens*
Chal	중앙아시아	낙타유	*Str. lactis, Lactobacillus,* 효모
Urda	갈파차	양유, 유청	효모, *L. casei, Str. thermophilus*
Scuta	칠레	유청	효모
몽고유주	몽고	우유	효모
유즙화주	극지	마유, 면양유	효모

[1] 재료(시료 및 시약)

- 탈지유
- 탈지분유
- 첨가물
- 유산균 스타터

[2] 기기(장비 및 기구)

- 균질기
- 발효용기
- 발효기
- 냉각기
- pH 측정기
- 피펫

[3] 실험 방법

1. 원료 배합

1) 무지유 고형분 조정하기

원료유의 무지유 고형분을 조정하는 방법은 다음과 같다. 이때 우유의 무지유 고형분을 8.5%, 탈지분유의 무지유 고형분을 95%로 놓고 계산한다.

A: 우유의 무지유 고형분 8.5%

B: 탈지분유의 무지유 고형분 95%

C: 조정하고자 하는 원료유의 무지유 고형분×%

우유 (B − C)/[(C − A) + (B − C)]: 탈지분유 (C − A)/[(C − A) + (B − C)]의 비율로 혼합한다.

예를 들면 우유와 탈지분유를 혼합하여 무지유 고형분 12%의 원료유 1,000 kg을 제조하기 위해서 필요한 우유와 탈지분유의 양을 계산하면 다음과 같다.

- 우유

  1000 kg × (95 − 12)/[(12 − 8.5) + (95 − 12)]

  = 1000kg × 83/86.5

  = 959.5 kg

- 탈지분유

  1000 kg × (12 − 8.5)/[(12 − 8.5) + (95 − 12)]

  = 1000 kg × 3.5/86.5

  = 40.5 kg

2) 원유, 탈지분유 및 기타 첨가물 혼합

2. 균질화

원료유의 균질화는 원료유 성분을 균일하게 분산시켜 요구르트의 점도증가와 안정성을 높이는데 효과적이다. 특히 지방을 함유한 원료유와 분유를 보강한 원료유에서는 균질이 필수적이다. 균질화의 압력과 온도는 일반적으로 100~200 kg/cm^2, 50~60°C에서 한다.

3. 살균

살균을 통해 우유 내에 존재하는 병원성 균을 완전히 멸균한다. 살균은 저온 장시간 살균법(LTLT: 63~65°C에서 30분간), 고온 단시간 살균법(HTST: 72~75°C에서 15~20초간), 초고온 순간 처리법(UHT: 130~150°C에서 0.5~5초간)으로 한다.

4. 스타터(starter) 접종

살균이 끝나면 스타터의 적정 배양 온도로 원료유를 냉각시킨다. 유산균 종균을 이용할 때에는 모배양(mother culture), 중간 배양(intermediate culture), 대량 또는 벌크 배양(bulk culture)을 거쳐 사용한다. 일반적으로 멸균된 우유 배지(10%)에 유산균 (Streptococus thermophilus와 Lactobacillus bulgaricus) 을 각각 접종하여 Streptococus thermophilus 는 43°C에서, Lactobacillus bulgaricus는 37°C에서 15∼18시간 배양하여 얻어진 균액을 스타터로 사용한다.

1) 모배양(mother starter)

모배양용 멸균용기에 신선한 탈지유 또는 환원 탈지유 100∼300 mL를 넣어 고압 증기멸균하고, 25∼30°C에서 12∼24시간 배양한다. 혼합스타터를 조제할 경우에는 균주 별로 스타터를 조제하지만, 버터 스타터의 경우에는 미리 혼합 균주로부터 조제하기도 한다.

2) 중간 배양

니들(niddle)을 통해서 중간 배양 용기(jar)에 모 배양액을 넣고 배양한다.

3) 본 배양(bulk starter)

탈지유를 본배양용 용기에 넣어 90°C에서 30∼60분간 가열 살균한 후 약 25°C로 냉각하고, 중간 배양 컬처를 접종 후, 20∼25°C에서 12∼16시간 배양한다.

5. 발효

1) 발효액의 pH와 산도 측정

(1) 발효유(SNF 3%) 제품의 경우, 일반적으로 34°C에서 26∼30시간 발효하거나, 72시간 이상 발효시키는 경우도 있다. 규정 산도는 무지유 고형분은 1.5∼2.0% 범위이며, 이때의 pH는 4∼4.5이다.

(2) 농후 발효유 제품의 경우에는 40~42°C에서 4~6시간 동안 발효시킨다.

2) 발효액 산도 측정하기

(1) 산도 측정 방법

(가) 시료를 잘 혼합한 후 피펫으로 시료 10 mL를 50 mL 비커에 옮겨 담는다(정확도 10 mg).

(나) 시료 10 mL를 피펫으로 두 번째 비커에 옮겨 담고 황산코발트 용액 0.5 mL를 넣는다.

(다) 나무 막대로 저어 주면 표준 색상이 나온다.

(라) 첫 번째 비커에 페놀프탈레인 용액 0.5 mL를 넣는다.

(마) 수산화나트륨(NaOH) 용액으로 엷은 분홍색 표준 색상으로 적정한다.

(바) 0.1 N NaOH의 양을 읽어 기록한다(a).

3) 적정 산도 계산 방법

$$N = 103 \times aG$$

여기서, N: 산도

a: 사용된 0.1 N NaOH의 양

G: 적정된 시료의 무게

6. 냉각 및 보관

발효유의 품질에 영향을 주는 요소는 외부 요인과 내부 요인으로 구분할 수 있다. 냉각은 냉각수에 의해 15°C까지 냉각하며 맛은 냉장고에 보관 후 48시간이 지난 후 측정한다.

1) 외부 요인

외부 요인으로는 온도·산소·빛·포장재 및 저장 기간 등이 있다.

2) 내부 요인

내부 요인으로는 후산 발효(post acidification, after acidification 또는 over-ripening), 배양액의 조직과 점도, 향미 및 색상 등을 들 수 있다. 특히 후산 발효는 정상적으로 배양이 완료된 후에도 진행되며 5℃ 이하의 저장 중에도 발효가 일어나 최종 제품의 품질에 직접적으로 영향을 미친다. 일반적으로 Streptococcus thermophilus의 산 생성은 pH 3.9~4.3에서, Lactobacillus bulgaricus의 산 생성은 pH 3.5~3.8에서 멈추기 때문에 pH 4.0 이하에서의 산 생성에는 Lactobacillus bulgaricus가 주로 작용한다.

1. 원료 배합인 무지유 고형분 조정에서 우유의 무지유 고형분과 탈지분유의 무지유 고형분을 각각 몇 %로 계산하는가?

2. 단기배양법과 장기배양법의 배양조건(온도와 시간)은?

3. 발효유 제조에 사용되는 일반적인 starter는 무엇인가?

4. 발효유의 풍미를 평가해보라.

샘플 \ 강도	0	1	2	3	4	5
색깔						
성상						
향						
단맛(혹은 감칠맛)						
신맛						
쓴맛						
짠맛						
떫은 맛						

5 과실주 발효

5-1 포도주 제조

실험목표	• 효모로 포도의 당분을 이용하는 발효반응을 이용하여 와인을 만들 수 있다.

필요 지식

[1] 개요

식품공전에서 과실주라 함은 과실 또는 과즙을 주원료로 하여 발효시킨 술덧을 여과 제성한 것 또는 발효과정에 과실, 당질 또는 주류 등을 첨가한 것으로 규정하고 있으며 포도주가 대표적이다.

포도주(wine)는 포도과즙을 효모에 의해서 알코올 발효시켜 제조한 단발효주이다. 와인(wine)은 넓은 의미로는 과일주를 말하며 좁은 의미로는 일반적으로 포도주를 뜻한다. 따라서 포도 외의 다른 과일주를 말할 때는 사과주(apple wine) 등으로 원료 과일의 이름을 wine앞에 붙여서 표기하는 것이 관습으로 되어있다.

포도주의 품질은 원료 포도에서 비롯되는 향기(varietal aroma)와 발효 후의 숙성과정에서 생성되는 향기(bouquet)에 의하여 좌우된다. 따라서 포도의 종류, 생산지, 기후, 햇빛의 조사량, 강우량 등은 포도주의 품질에 절대적인 영향을 준다.

1. 포도주의 종류

포도주는 그 종류가 대단히 많고 따라서 분류방법도 여러 가지가 있다(표 5-1).

1) 적포도주와 백포도주

적포도주(red wine)는 적색 또는 흑색포도의 과즙을 껍질과 함께 발효시켜 포도주 중에 anthocyanin색소가 용출된 것이고, 백포도주(white wine)는 적색포도의 껍질을 제거하거나 청포도를 원료로 하여 발효시킨 것이다. 적포도주는 과피에서 색소의 추출 촉진을 위하여 50~60℃, 10~30분간 가온처리를 하는 수도 있으며 발효는 과피나 종자를 혼합하여 색소추출을 촉진하기 위하여 백포도주보다 높은 온도(25~30℃)에서 한다. 백포도주의 발효온도는 (20℃)이다. 적포도주는 발효 중에 탄닌(tannin)이 용출되기 때문에 떫은맛이 강하나 백포도주는 떫은맛이 없는 것이 특징이다.

2) 생포도주와 감미포도주

당분의 함량으로 구분한 포도주가 생포도주와 감미포도주이다. 생포도주(dry wine)는 당분을 1%이하로 과즙의 당분을 거의 완전히 발효시켜 것이며, 감미포도주(sweet wine)는 비교적 당도가 높은 과즙을 사용하여 당분을 완전히 발효시키지 않아 감미도가 높은 포도주이다. 적포도주는 대부분 생포도주이며, 백포도주는 생포도주로부터 감미포도주까지 다양하다.

3) 발포성 포도주와 비발포성 포도주

포도주를 발포성 유무로 분류한 것으로 발포성 포도주(sparkling wine)는 포도주 중에 이산화탄소를 용해시킨 것으로 마개를 따면 거품이 발생하며, 비발포성 포도주(still wine)는 거품이 발생하지 않는 일반적인 포도주이다. 샴페인(champagne)은 대표적인 발포성 포도주인데, 이것은 백포도주에 설탕과 효모를 첨가하여 재발효시킨 것으로 다량의 이산화탄소를 함유하고 있다.

[표 5-1] 포도주의 분류

종류	분류
천연포도주(natural wine) 알코올 함량: 9~14%	1. Still wines 　① dry table wine: white, red, pink(rose) 　② sweet table wine: white, pink(rose) 2. Sparkling wines 　① white: Champagne, sparkling muscat, Sekt 　② rose: pink Champagne 　③ red: sparkling burgundy, cold duck
디저트/에피타이저 와인 (dessert/appetizer wine) 알코올 함량: 15~21%	1. Sweet wines 　① white: Champagne, sparkling muscat, Sekt 　② pink: California tokay, tawny port 　③ red: port, black muscat 2. Sherry 3. Vermout: 가향(쓴쑥), 가당 및 알코올을 첨가한 특수주

4) 식탁용 포도주와 식후 포도주

포도주를 소비 방법으로 분류한 것으로 식탁용 포도주(table wine)는 14% 이하의 알코올을 함유한 생포도주(dry wine)로 식사 중에 음용하며, 식후 포도주(dessert wine)는 14~20% 정도의 알코올과 상당량의 설탕을 함유한 감미 포도주(sweet wine)로서 식사 후에 마시는 포도주이다.

2. 품질 특성

적합한 원료를 판별하는 기준은 과실주에 따라 약간씩 다를 수 있으나 대체로 적당한 숙도, 적당한 당도(brix)와 산도 등을 갖춘 것이 과실주 발효와 숙성에 적당하다.

* 브릭스(Brix)란 용액 중에 녹아있는 가용성 고형분(물에 용해될 수 있는 고체상태의 물질)의 무게를 %로 나타낸 수치로써 단위를 Brix% (또는 °Bx)를 사용한다. 따라서 당도를 측정하는 단위로 100 g의 물에 녹아 있는 사탕수수 설탕의 g수를 Brix로 나타내며 포도주스의 1 Brix란 포도주스 100 g에 들어있는 1 g의 당을 말한다.

1) 캠벨얼리

당도 12~15 °Bx, 총산 0.5~0.7%, 안토시아닌 및 탄닌 함량이 적어 러브러스카 향이 풍부한 부드러운 과실주 제조에 적합하다.

2) 거봉

당도 14~18 °Bx, 총산 0.5~0.7%, 안토시아닌 및 탄닌 함량이 적다.

3) MBA(Muscat Bailey A)

당도 17~21 °Bx, 총산 0.5~0.7%, 안토시아닌 및 탄닌 함량은 보통이며 부드러운 탄닌과 가벼운 머스캣 향이 있는 과실주 제조에 적합하다.

4) 개량머루

당도 14~17 °Bx, 총산 1.0~1.5%, 안토시아닌 및 탄닌 함량이 많아 유럽 고급 와인의 향긋한 향기가 풍부하다. 부드러운 탄닌과 가벼운 머스캣 향이 있는 과실주 제조에 적합하다.

| 캠벨얼리 | 거봉 | MBA | 개량머루 |

[그림 5-1] 포도주에 사용되는 포도 종류

[2] 포도주 효모

포도주 발효에는 *Saccharomyces*속의 효모가 사용되며 이것은 좋은 향미의 적포도주를 만든다. 그러나 포도 과피에는 포도주 효모 이외에도 초산균, 젖산균 등의 세균류 및 곰팡이류 등 유해미생물도 부착되어 있어서 파쇄한 포도과즙을 자연 발효시켜서 포도주를 만들 수도 있으나, 주질이 불량하게 되기 때문에 포도 원료의 파쇄와 동시에 아황산을 가하여 유해미생물의 증식을 억제시키거나 사멸시키고, 포도주효모 *Saccharomyces cerevisiae*를 인위적으로 배양한 술밑(주모)을 첨가하여 안전하게 발효한다. 한편, 단일 효모로서 발효시킨 것은 주질이 단순하기 때문에 이러한 결점을 보완하기 위하여 2~3종의 효모를 혼합배양하여 발효를 행하기도 한다.

1. 좋은 포도주 효모의 조건

1) 알코올 발효를 행할 것과 당의 대사가 좋을 것.
2) 발효의 재현성에 우수할 것.
3) 알코올 내성이 우수하고 온도 내성에 좋을 것.
4) 이취의 생성이 없고 아황산 내성이 있을 것.
5) 응집성이 좋을 것 등.

[3] 발효

발효는 곡류 중의 전분과 같은 다당류 또는 과실 속에 들어 있는 포도당, 과당과 같은 단당류, 이당류 형태인 환원당을 미생물(효모)에 의해 알코올로 변화되는 과정이다. 발효 과정을 통해서 당의 고분자 물질이 미생물의 효소 작용에 의해 단분자로 분해되면서 알코올이 생성되고 그 과정에서 특유의 향기 물질도 생성된다.

1. 발효당의 종류

1) **단당류**: 포도당, 과당, 갈락토오스

2) **이당류:** 설탕, 맥아당, 유당

3) **다당류:** 전분, 덱스트린

2. 비발효당의 종류

자일리톨, 솔비톨, 아스파탐, 올리고당, 스테비오사이드, 사카린 등

3. 발효의 종류

1) 단발효

효모에 의해 과실 속에 함유되어 있는 당분을 알코올로 전환시키는 단순한 발효를 말한다. 예) 과실주 발효

2) 복발효

복발효는 당화 과정과 발효 과정으로 이루어져 있다. 당화 과정은 곡류 중의 전분질을 당화하는 과정이고 발효 과정은 분해된 당을 이용하여 발효하는 과정이다. 당화와 발효의 시점이 구분되느냐 여부에 따라 단행 복발효와 병행 복발효로 구분할 수 있다.

(가) 단행 복발효

곡류 중의 전분질을 미생물이 분비하는 효소작용에 의해 당화시키는 당화과정과 가수분해된 당을 알코올로 전환되는 과정이 뚜렷이 나누어 진행되는 발효를 단행 복발효라 한다. 예) 맥주

(나) 병행 복발효

당화 과정과 발효 과정이 명확히 구분되지 않고 당화와 발효가 동시에 일어나는 발효를 병행 복발효라 한다. 예) 탁주

4. 과실주의 2차 발효 및 숙성

과실주 1차 발효 후 남은 잔당 성분을 발효하여 알코올과 탄산가스를 발생시키는 발효과정으로, 약 2주 정도 소요된다. 이는 2차 발효가 끝난 과실주를 장기간 저장하

면서 안정화시키는 과정을 말한다.

1) 목적

(가) 숙성을 통한 떫은맛 제거와 안정화

(나) 과실의 고분자 화합물의 분해 등을 통한 맛 및 향기 성분 생성

(다) 과실 성분으로부터 플라보놀 성분 추출로 과실주의 색깔 안정화

2) 2차 발효 및 숙성 방법

(가) 1차 발효 후 압착 및 여과 과정을 거친 과실주 1차 발효액에 남은 잔당을 알코올로 전환시키는 과정이다.

(나) 압착 여과된 1차 발효물을 20~23℃의 온도에서 3~5일 발효시켜 남은 잔당을 완전 발효시킨다.

(다) 잔당 발효 후 침전물 분리시 와인의 산화를 방지하기 위해 이산화탄소나 질소를 발효조에 치환하여 공기의 접촉을 최소화해야 한다.

(라) 잔당 발효가 끝난 과실주 원료는 10~15℃ 사이의 낮은 온도에서 장기간(6개월 이상) 보관하여 맛과 향이 우수한 품질의 과실주를 생산하기 위해 숙성 과정을 거친다.

3) 과실주의 숙성 관리

(가) 제품의 특성에 따라 적정한 아황산농도 유지가 중요하다.

    (1) 당분이 많은 것(스위트 와인): 아황산으로 100~130 mg/L

    (2) 당분이 없는 것(드라이 와인): 아황산으로 70~100 mg/L

(나) 산소에 의한 산화 방지를 위해 불활성 기체인 질소로 가득 채운다.

(다) 숙성실 온습 및 용기의 부식 상태를 수시로 확인해야 하며 숙성 시 처음 1년간은 3~5개월에 한 번씩 침전물 분리할 필요가 있다.

(라) 발효 시 초산균에 의해 신맛이 발생되지 않도록 주의하여야 한다. 초산균의 증식은 발효 온도가 높을 때, 발효 중 뒤집기가 충분하지 않을 때, 저장 시 밀폐가 완전하지 않을 때, 아황산 농도가 낮을 때 일어난다.

[4] 과실주 당도 보정 및 과즙 조정

1. 과당

과실 속에는 10% 내외의 당 함량을 가지고 있지만 과실주 제조를 위한 당 함량에는 부족하다. 따라서 일정량의 당을 첨가해야만 발효 과정에서 변질되거나 발효 후에도 적당한 도수의 알코올을 함유한 과실주 제조가 가능하다. 먼저 과실의 중량과 당도를 미리 알아야 원하는 도수의 과실주 제조를 위한 당 함량을 계산할 수 있기 때문이다. 과실주 제조를 위한 당 함량의 계산은 다음과 같은 식으로 나타낸다.

$$당도 = [원료\ 중량(kg) \times 과실의\ 당도] \times 과실의\ 중량/전체\ 중량$$

$$가당량(kg) = \frac{원하는\ 당도(^oBx) - 현재의\ 당도(^oBx)}{100 - 원하는\ 당도(^oBx)} \times 과실\ 무게 \times 과즙\ 계수$$

* 과즙 계수: 캠벨얼리(0.82), MBA(0.80), 개량머루(0.75), 청수(0.85)

2. 과즙 조정

과즙 중에 적당한 양의 탄소원인 당분과 질소질 성분이 있어야 효모의 성장이 원활하여 발효가 잘 일어나 원하는 알코올 농도가 얻어진다.

(1) 과실주의 pH와 총산은 신맛과 연관이 있어 일반적으로 포도주 제조에 있어서 발효 전 포도즙의 pH는 3.2~3.6이 적당하며, 완성된 포도주의 pH는 3.2~3.3 사이가 적당하다.

(2) 와인의 pH가 3.6 이상이면 저장 중 잡균 오염이 일어날 수 있으며, 반대로 3.2 이하이면 지나치게 신맛이 강해 품질이 떨어진다.

(3) 와인의 pH가 높으면 분자상 아황산($SO_2 \cdot H_2O$)의 비율이 급격히 떨어져 아황산의 살균 효과도 낮아진다.

(4) 최종 발효 후 알코올 농도는 과즙의 당도(^oBrix)에 0.57을 곱한 값이 되므로, 원하는 알코올 농도를 0.57로 나누어 주게 되면 초기 발효시 맞추어야 할 당도가

된다. 따라서 12%(*v/v*)의 와인을 생산하려면 약 22 °Brix로 포도즙의 당도를 맞추어 주어야 한다.

포도주 제조

[1] 재료(시료 및 시약)

- 포도 1 kg(약 3송이, 또는 포도원액)
- 소주 1.8리터(원하지 않으면 넣지 않아도 됨)
- 설탕 250 g, 또는 소주와 설탕 대신 과실주용 리퀴르 2 L(도수 30° 알코올에 설탕과 올리고당 등 당분이 3% 함유되어 있기 때문에 따로 설탕을 첨가할 필요가 없다.)

[2] 기기(장비 및 기구)

- 3L 플라스틱통(또는 유리병)
- 양푼
- 소쿠리
- Incubator
- 면포 또는 스타킹
- Latex 장갑

[3] 실험 방법

① 잘 익은 포도를 줄기를 제거하고 깨끗이 씻은 다음 소쿠리에 받쳐 물기를 뺀다.
② 라텍스 장갑을 끼고 포도와 설탕을 4 : 1 중량비(또는 5 : 1)로 섞어 설탕이 녹으며 섞이도록 으깬다. 껍질이 벗겨지고 포도알이 터질 정도로 으깨며, 씨가 부스

러지지 않도록 주의한다.

③ 깨끗한 플라스틱통 또는 유리병에 담아서 배양기에 넣고 30℃에서 7일간 발효시킨다. 이때 뚜껑은 꽉 닫지 말고 느슨하게 닫는다. 발효하는 동안 껍질이 위로 떠올라 있으면 잘 뒤섞어준다(하루에 한번 정도 뒤섞어준다).

    ☞ 용기의 크기는 발효 시 기포가 발생하므로 원료 양의 2배 정도가 적당하다.

④ 발효가 되면 포도 건더기를 면포나 스타킹으로 걸러낸다(1차 발효).

⑤ 걸러낸 액은 발효통에 담아 2차 발효를 시킨다. 2차 발효는 20~23℃에서 2주가량 발효시킨다. 물이 끓는 것처럼 거품 방울이 생긴다.

⑥ 2차 발효가 끝나면 상부 맑은 부분을 국자 등으로 떠내어 앙금을 제거한다.

⑦ 1~2일 후에 재차 앙금을 제거한 후 병에 담아 밀폐시켜 서늘한 곳에 숙성한다.

1. 포도주 제조에 사용되는 대표적인 포도 종류와 특성에 대하여 설명하라.

2. 포도주 발효에서 주모에 첨가하는 효모는 무엇인가?

3. 포도주 1차 발효와 2차 발효조건은(온도와 시간)?

4. 포도주 발효에서 앙금을 제거하는 목적은 무엇인가?

5. 숙성된 포도주의 풍미를 평가해보라.

샘플＼강도	0	1	2	3	4	5
색깔						
성상						
향						
단맛(혹은 감칠맛)						
신맛						
쓴맛						
짠맛						
떫은 맛						

5-2 사과주 제조

실험목표	• 효모로 사과의 당분을 이용하는 발효반응을 이용하여 사과주를 만들 수 있다.

필요 지식

[1] 개요

사과주(apple wine, cider)를 만드는 원료는 당 함량과 산도가 비교적 높은 품종이 좋으며 홍옥(jonathan)이 이 조건에 가장 적합하다. 국광(ralls janet)은 당분이 풍부하지만 산 함량이 적으므로 홍옥과 적당히 혼합하여 쓰는 것이 좋다.

1. 성분

(1) 사과의 성분은 tannin, acids, pectin, 회분 및 당분 등이 있다.

(2) 사과의 당분 함량은 7~15% 정도이며 과당(fructose), 설탕(sucrose), 포도당 (glucose)순으로 많으며 이것은 과일의 호흡작용으로 포도당이 과당 보다 빨리 소모되기 때문이다.

(3) 총산은 0.18~0.85% 정도이며 대부분이 사과산(malic acid)이고 구연산(citric acid)이 소량 들어있다. 산은 제품의 풍미에 관계될 뿐만 아니라 과즙의 갈변을 방지해 준다.

(4) 탄닌은 0.06~0.32%이며, 단백질을 침전시켜 사과주를 맑게 하며, 사과주의 보존성을 증가시키는 작용을 한다.

(5) 사과 과즙 중에는 펙틴이 다량 함유되어 있어서 사과주의 혼탁과 침전물 생성의 원인이 되므로 제거해야 한다.

(6) 질소화합물은 0.3~0.5% 정도 함유되어 있으며 아미드(amide)태 질소가 주성분이다. Amide태 질소는 발효 중 효모의 영양원이 된다.

(7) 과피 및 과즙 중에 0.2~0.4% 정도의 회분이 들어있으며, 칼륨(K), 칼슘(Ca), 마그네슘(Mg), 인(P)등이 많은 편이다.

2. 품질 특성

사과는 과즙이 풍부하며 상큼하고 가벼운 과일 향이 있어 과실주를 만들 때 이러한 향기 성분이 발효 숙성과정에서 과실주의 풍미 형성에 영향을 미친다.

(1) 후지: 당도 12~13 °Bx, 총산 0.3~0.5%, 장기 저장한 것 0.2~0.3%
   * 후지는 국광에 데리셔스를 교배하여 얻은 품종이다.

(2) 홍옥: 당도 10~12 °Bx, 총산 0.5~0.6%, 안토시아닌 함량이 많은 편임

[2] 사과주 효모

사과 껍질에 붙어 있는 효모는 주로 Saccharomyces cerevisiae var.ellipsoideus와 Kloeckera apiculata 등이다. 그러나 사과주 효모로서 Saccharomyces mali-duclaux는 좋은 방향을 제공하고 Saccharomyces mali-risler는 좋은 맛을 제공하는 것으로 알려져 있다. 공업적으로 우량의 사과 효모는 Saccharomyces cerevisiae와 Saccharomyces uvarum등을 순수배양하여 사용한다.

[3] 발효

1. 효모를 접종하여 밀폐식으로 15~20℃에서 2주 동안 발효시킨다. 주발효가 끝난 액은 호박색이며 아직 과실의 향기를 가지고 있다.

2. 주발효가 끝나면 발효통 밑의 앙금과 액면의 부유물을 분리하기 위해 사과주를 다른 통에 옮긴다.

3. 앙금질을 한 액은 통에 가득 채우고 발효전을 부착하여 8~10℃에서 후발효를 시킨다. 처음 며칠 동안은 왕성한 발효를 하며 그 후로는 액이 점차 맑아진다. 이와 같이 2~3개월 경과한 후 다시 한 번 앙금질을 행한다.

[1] 재료(시료 및 시약)

- 사과
- 설탕
- 효모

[2] 기기(장비 및 기구)

- 파쇄기
- 3L 플라스틱통(또는 유리병)
- 여과기
- 소쿠리
- Incubator
- Latex 장갑

[3] 실험 방법

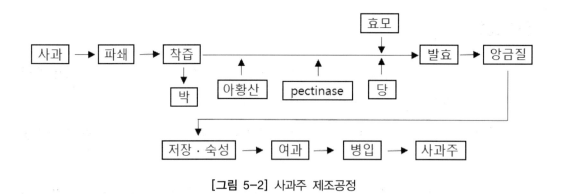

[그림 5-2] 사과주 제조공정

① 잘 익은 사과를 물로 씻는다.

② 사과를 파쇄기로 파쇄하고 압착하여 과즙을 얻는다. 우량 사과주를 만들 경우에
는 제심(除心)한 후 파쇄한다. 과즙의 수득량은 사과의 종류에 따라 다르나 10
kg의 사과에서 7 L 내외이다.

③ 압착한 과즙은 여과하고 알코올 함량 12~13%의 사과주를 얻기 위해 설탕을 가
하여 당 농도가 24~25%정도로 되게 한다.

④ 과즙을 발효통에 넣고 사과 효모를 접종한 후 밀폐하여 15~20℃에서 2주 동안
발효시킨다. 이때 효모와 그 밖의 것은 밑에 가라앉으며 발효액은 투명해진다.
주발효가 끝난 액은 호박색이며 과실의 향기를 가지고 있다.

⑤ 주발효가 끝나면 발효통 밑의 앙금을 걸러내고 사과주를 8~10℃에서 후발효를
시킨다. 2~3개월 경과한 후 다시 한 번 앙금질을 행한다.

⑥후발효가 끝난 사과주는 병에 담거나 통째로 밀봉하여 8℃의 저장고에서 2~3개
월간 숙성시켜 제품으로 한다.

1. 사과주 제조에 사용되는 품종과 특성에 대하여 설명하라.

2. 공업적으로 사용되는 우량의 사과 효모는 무엇인가?

3. 사과주 제조에서 주발효와 후발효의 조건은?

4. 숙성된 사과주의 풍미를 평가해보라.

샘플　　　　　　　강도	0	1	2	3	4	5
색깔						
성상						
향						
단맛(혹은 감칠맛)						
신맛						
쓴맛						
짠맛						
떫은 맛						

실험 6 막걸리 발효

실험목표
- 쌀을 재료로 발효반응을 이용하여 막걸리를 만들 수 있다.

필요 지식

[1] 개요

우리나라 고유의 전통 술로서 탁주와 약주의 역사는 천년이 넘은 것으로 추정되고 있다. 우리나라 술 중에서 탁주는 가장 오래된 역사를 가지고 있으며 많은 사람들로부터 널리 애용되어 왔다. 한편 약주는 탁주에 용수를 넣어서 거른 술로서 16세기 말부터 제조되어왔는데 구한말에서 일제 초기까지는 주로 서울 부근의 중류 이상 계급에서만 오랫동안 각 가정에서 빚었기 때문에 제법이 다양하지만 주질의 향상이나 제조 기술의 발전은 크게 기대할 수 없었다.

약·탁주는 원래 멥쌀이나 찹쌀을 원료로 누룩을 사용하여 만들어져 왔으나 1963년에 정부의 식량 절약정책으로 밀가루로 대체되었고 그 이후 밀가루에 옥수수 가루 등이 혼용되어 고유의 맛과는 차이가 생기게 되었다.

식량 사정이 나아져 1977년에 탁주에도 다시 쌀을 전량 사용할 수 있게 되어 소위 쌀막걸 리가 등장하게 되었으나 소비자가 밀가루 막걸리에 입맛이 익숙해져 있어 호응을 크게 얻지 못했다. 그 후 다시 밀가루가 전량 사용되었다가 1989년 말부터 다시 쌀의 이용이 허가되어 오늘에 이르고 있으며 1991년에는 새로운 주세법 시행으로 전통주의 개발이 다양하게 이루어지고 있다.

[2] 식품공전의 탁주·약주·청주의 정의

1. 탁주

탁주는 전분질 원료와 국(누룩)을 주원료로 하여 발효시킨 술덧(주요)을 혼탁하게 제성한 것이다.

2. 약주

약주는 전분질 원료와 국을 주원료로 하여 발효시킨 술덧(주요)을 여과하여 제성한 것이다.

3. 청주

청주는 전분질 원료와 국을 주원료로 하여 발효시킨 술덧(주요)을 여과 제성한 것 또는 발효 제성 과정에 주류 등을 첨가한 것이다.

[3] 막걸리의 원료

1. 양조 원료

주원료로 녹말이 사용되는 것은 밀, 쌀, 옥수수가 있고 당분(사용량 제한)으로는 설탕, 과당, 엿류, 올리고당 등이 있으며 이 원료는 발효 시 에탄올로 전환된다. 식물 및 과채류는 탁주·약주의 맛을 향상시킬 목적으로 사용되며, 주세법에서 사용량에 대한 제한을 두고 있다.

1) 쌀

누룩은 세계적으로 널리 재배되고 있는 쌀의 품종은 인디카형(Indica type)과 자포니카형(japonica type)의 두 가지로 나눌 수 있다. 쌀은 탁주와 약주 제조 시 중요한 원료로서 품질이 주질에 미치는 영양에 크다. 또한 탁주와 약주의 제조 공정이 복잡하여 주질은 주로 공정관리에 의해 결정된다.

(가) 자포니카형

자포니카형은 길이가 짧고 둥근 형태로 길이와 폭의 비가 1.6～1.8 정도이고 우리나라에서는 일반미라 불리우는 추청(秋晴), 동진, 일품 등의 자포니카형 벼가 주로 재배되고 있다.

(나) 인디카형

인디카형은 가늘고 길며 길이와 폭의 비가 일반적으로는 1.9 이상이다.

2. 발효첨가제

국(麴)과 밑술로 구분되며 국은 전분질 원료에 곰팡이를 접종하여 번식시킨 것으로 전분을 당화시킬 수 있는 효소를 포함한 재료이다. 국의 종류에는 누룩(곡자), 개량누룩, 입국, 조효소제, 정제효소제가 있으며, 종균은 국을 제조할 때 사용하는 특정 곰팡이 포자(씨앗)이다.

1) 누룩(곡자)

누룩은 소맥, 호맥 등을 분쇄하여 반죽 성형한 후 공기 중의 곰팡이를 자연 번식시켜 각종 효소를 생성, 분비하는 종국의 일종이며, 야생효모를 지니고 있으므로 밑술(주모)의 모체 역할을 겸한 발효제의 일종이다. 누룩 속에 들어있는 곰팡이 *Aspergillus oryzae*와 세균 *Bacillus subtilis*인데 이들 미생물이 내는 α-amylase에 의하여 전분의 당화가 일어나고 여기에 효모가 붙어 알코올 발효를 한다. 누룩은 원료인 밀의 분쇄도에 따라 분곡(粉麴)과 조곡(組麴)으로 나눈다. 누룩은 그 제조시기에 따라 춘곡(1～3월), 하곡(4～6월), 추곡(8～10월), 동곡(11～12월)으로 구별하기도 한다.

(가) 분곡(粉麴)

밀을 빻은 가루를 채로 쳐서 나온 고운가루로 만든 것으로 밀기울이 섞이지 않은 순 밀가루만으로 만든 것이며 그 색이 희다하여 백곡(白麴)이라고 한다.

(나) 조곡(組麴)

거칠게 빻은 밀로 만든 것이다. 일반적으로 곡자란 조곡을 말하며 현재 주로 사용되는 누룩의 형태이다.

2) 입국

입국은 증자된 곡류에 곰팡이 배양물(종국)을 접종하여 2~3일의 단시간에 번식시켜 만든 코지(koji)를 말하며 일본에서 개발되어 보급된 기술이다. 곡자(누룩)는 야생균에 의해서 제조된 것이며 입국과는 대조적이다.

약주와 탁주의 입국제조에는 백국균(白麴菌)인 *Aspergillus kawachii*를 사용한다.

(가) *Aspergillus awamori*

이 균주는 자실체가 검은색이어서 공업적으로 취급하기가 매우 불편하다.

(나) *Aspergillus kawachii*

*Aspergillus awamori*에서 육종된 변이주로 백색에 가까운 갈색이어서 공업적으로 취급이 용이할 뿐만 아니라 amylase와 유기산(주로 구연산) 생산능이 강하므로 술덧의 담금 숙성 중에 술덧의 pH를 낮추어 잡균의 오염을 방지한다.

3. 밑술(酒母)

주모라고도 하며, 술덧의 발효를 위한 효모를 배양·증식한 것으로 술의 안정적인 발효를 위해 필수적인 요소이다.

4. 술덧

밑술, 누룩 및 입국 등과 같은 국(麴), 증자한 쌀 등 양조 원료, 양조 용수를 혼합하여 발효한 전체 발효물을 말한다. 누룩, 입국, 조효소제, 정제효소제 등에 함유된 효소에 의해 원료 전분이 당으로 분해되고, 분해된 당을 효모가 이용하여 에탄올 발효가 일어난다.

5. 제성

발효가 완료된 술덧을 가공하여 포장할 수 있는 제품으로 만드는 과정이다.

6. 양조용수(물)

제품의 성분이 될 뿐 아니라 주류 제조과정 중 모든 물료의 용제가 되며, 물중의 미량 무기성분은 미생물의 영양분으로서 중요한 역할도 한다.

[4] 막걸리 발효

발효(담금)란 주모, 발효제(곡자, 입국, 분국, 기타발효제)와 증미(덧밥)를 담금 용수에 첨가한 전체 물료를 말하며 이것을 술덧이라 한다. 발효제의 효소작용에 의한 술덧의 전분질 원료의 당화와 동시에 당화된 당액으로부터 주모의 효모에 의한 당의 알코올 발효 진행을 목적으로 한다. 발효는 술을 만드는 주된 공정으로 에탄올과 더불어 향미 성분 등이 생성되는 단계이다. 대부분 탁주 제조장에서는 효모의 증식을 주목적으로 하는 1단 발효와 알코올 발효를 주목적으로 하는 2단 발효로, 2단계에 걸쳐 개방 상태에서 발효시킨다.

1. 발효의 종류

1) 1단 발효(담금)

1단 담금은 용기에 주모, 입국, 물을 넣고 교반함으로써 끝난다. 1단 담금액을 수국이라 하는데 입국이 분비하는 각종 효모 및 산의 침출, 입국의 자체 용해당화, 입국이 분비하는 산의 침출로 안전한 상태에서 효모 증식을 목적으로 한다. 따라서 1단 발효에서는 목적 효모 이외 미생물의 번식을 억제시켜야 하며 이를 위해서는 입국의 산도가 충분해야 하고, 담금 시에 건전한 주모를 최대한 많이(총 주원료의 2%) 첨가할 필요가 있으며 담금 온도는 23∼24℃이다.

2) 2단 발효(담금)

1단 담금 후에 24시간이 지나면 술덧에 찐(증숙) 쌀 등의 주원료, 입국 이외의 발효제와 물을 붓는 과정을 2단 담금이라고 하며, 당화 작용과 알코올 발효 작용이 동시에 진행되도록 하는 것을 목적으로 한다. 따라서 당화 및 발효의 두 작용을 병행적으로 유도시켜 전분질을 에탄올과 향미물질로 전환시키는 과정이다. 1단 덧술과 마찬가지로 유해 미생물의 번식은 최대한 억제시켜야 한다.

[5] 제성

제성은 정상적인 발효에서 2단 담금 후 탁주는 2~3일, 약주는 4~5일 만에 발효가 끝난 숙성상태가 되어 제품으로 만드는 과정이다. 숙성된 술덧은 증류법으로 주정함량을 측정하여 희석할 물의 양, 즉 후수비율(後水比率)을 결정한다.

1. 약주의 제성

약주는 숙성술덧에 정해진 후수를 가하여 잘 교반하고 술자루에 넣어 압착여과한 후 저장성 향상을 위해서 60°C로 저온살균 후 포장한다. 약주는 그 색깔이 누런색을 띠며 특유한 향기를 지니고 감미와 산미가 강하다.

2. 탁주의 제성

탁주는 완전히 숙성되기 전의 술덧에 알코올 함량이 6~8%가 되도록 후수를 가하여 주박(酒粕)을 여과기(또는 체)로 분리하여 제성한다. 탁주는 제성한 후에도 상당기간동안 후발효가 지속되며, 이때 발생하는 탄산가스의 용존으로 탁주는 상쾌하고 시원한 맛을 띠게 된다.

[전통 막걸리 빚기]

[1] 재료(시료 및 시약)

- 양조 원료(밀가루, 쌀가루)
- 양조 용수
- 발효 첨가제
- 포장 자재(병/PET/PE, 병마개)

[2] 기기(장비 및 기구)

- 계량용 저울
- 계량컵
- 원료 보관용기
- 온도계
- 맥아 분쇄기
- 국 제조시설
- 밑술 제조시설

[3] 실험 방법

1. 막누룩 만들기

밀 1되를 껍질채 개어 물로 되게 반죽을 하고, 이것을 누룩 틀에 담고 발 뒷굼치로 꼭꼭 밟아 디딘 후 바람이 잘 통하는 곳에 두고 곰팡이와 효모를 접종하여 띄운다. 곰 팡이가 속속들이 고루 피고 향긋한 냄새가 나면 잘 된 누룩이다.

2. 전통술 원료의 처리

쌀 500 g을 2시간 이상 충분히 물에 불린 다음 물을 잘 빼고 찜통에 쪄서 잘 익힌다.

3. 술빚기

끓여 식힌 물이나 깨끗한 음용수로 술밥과 도토리 알만한 크기로 부순 누룩가루를 함께 버무린 다음 술독에 겹겹이 넣어 술을 빚는다. 종국을 쓰는 경우는 찐 쌀이 어느 정도 식은 다음에 직접 넣고 잘 섞어준다.

4. 발효

술독을 배양기에 넣어 하루 밤 정도 발효시키면 쌀알 위로 *Aspergillus oryzae*가 곱게 자란다. 발효 기간 중 술덧의 온도가 30℃ 이하가 되도록 관리한다. 효모의 증식이 주목적이므로 온도 조절과 효모 증식을 촉진하기 위해 1일 2～3회 정도 교반해 준다.

5. 물 1L에 찐 쌀 200g의 비율로 넣고 필요하면 효모를 첨가하여 준다. 술이 다되어 술찌꺼기가 차분히 가라앉으면 또 한 번 술밥과 누룩을 넣어 두 번째 담금을 한다. 이렇게 다 된 술로 다시 빚어 진하게 빚어내는 것을 중양법이라 한다. 이런 중양법을 3번 이상 거듭한 것을 춘주라 부르고 최고급의 술로 친다.

6. 약주 떠내기

찌꺼기를 포함한 걸쭉한 술덧에서 노릇하고 맑은 약주를 받아내는 방법은 술독 가운데에 용수(조롱)를 박고 용수의 틈새로 스며들어 고인 전주를 조용히 떠내면 이것이 약주이다. 이렇게 하면 아주 진하고 맛있는 약주를 얻게 되는데, 더 많은 약주를 얻으려면 처음부터 술덧을 모두 자루에 담아 약틀에 짜내기도 한다.

7. 탁주(막걸리) 거르기

약주를 떠낸 후 남은 술덧에 물을 부어 섞은 후 채에 받쳐 밥알을 으깨고 찌꺼기를 걸러 낸 것이 바로 막걸리이다. 고급 탁주는 약주를 떠내지 않고 직접 빚은 것으로 순탁주라고도 한다.

[막걸리 키트를 이용한 술 빚기]

* 시판되는"술익거든" 막걸리 키트를 이용하여 막걸리를 빚는 실험이다.

[1] 재료(시료 및 시약)

- 팽화미 500g
- 누룩 50g
- 유산균 0.5g

[2] 기기(장비 및 기구)

- 3L 플라스틱통(또는 유리병)
- 계량컵
- 고운체(또는 면포나 스타킹)
- 거품기(또는 주걱)
- Incubator

[3] 실험방법

① 용기를 세척한 후 깨끗한 물 1 L를 붓는다.
   (팽화미 중량을 기준으로 2배의 물을 붓는다. 그리고 용기의 크기는 발효 시 기포가 발생하므로 물 양의 2배 정도가 적당하다.)
② 유산균과 누룩을 먼저 넣고 잘 섞어준다.
③ 팽화미를 넣고 큰 덩어리가 생기지 않도록 거품기나 주걱으로 잘 섞어준다.

(잘 섞어지면 뻑뻑한 죽 형태가 되는데 절대로 물을 더 부으면 안된다. 물을 더 부으면 발효가 되지 않는다.)

④ 공기가 통하도록 용기 뚜껑을 헐겁게 닫는다.

⑤ 배양기에 넣고 23~27℃에서 2~3일간 발효시킨다. 하루에 1~2회 정도 저어준다.

⑥ 완성된 막걸리를 고운체에 걸러준다. 좀 더 부드러운 술을 원하면 깨끗한 천에 다시 한 번 걸러준다.

⑦막걸리는 뚜껑을 헐겁게 닫아서 냉장고에 보관한다. 냉장고(4℃) 보관 시 약 2주 간 보관이 가능하다. 유산균이 함유되어 있어 신맛이 느껴질 수 있다.

☞ 발효시간에 따른 막걸리 풍미

발효시간	알코올	맛(기호도)
36시간(1.5일)	약 0~1%	영양분이 풍부하고 무알코올에 가까운 새콤달콤한 유산균 발효음료
48시간(2.0일)	약 2~5%	유산균이 풍부하고 새콤달콤한 저알코올 음료 형태의 생막걸리
60시간(2.5일)	약 6~9%	유산균이 풍부하고 시중막걸리와 비슷한 적당한 알코올을 함유한 생막걸리
72시간(3.0일)	약 10~12%	유산균이 풍부하고 알코올 함량이 높아 신맛과 쓴맛이 강한 생막걸리

1. 누룩 속에 있는 주된 곰팡이와 세균은 무엇인가?

2. 입국에 사용하는 곰팡이는 무엇인가?

3. 막걸리의 발효 조건(온도와 시간)은?

4. 숙성된 막걸리의 풍미를 평가해보라.

샘플 \ 강도	0	1	2	3	4	5
색깔						
성상						
향						
단맛(혹은 감칠맛)						
신맛						
쓴맛						
짠맛						
떫은 맛						

맥주 발효

실험목표 • 보리를 재료로 발효반응을 이용하여 맥주를 만들 수 있다.

필요 지식

[1] 개요

맥주(麥酒 : beer)는 맥아(malt) 또는 맥아와 전분질 원료, 홉(hop) 등을 주원료로 하여 발효시켜 여과 제성한 것을 말한다. 맥주는 알코올 함량은 비교적 적으나 탄산가스와 쓴맛 성분을 함유하고 있다.

맥주는 맥아의 전분 원료의 당화공정을 거쳐 알코올 발효가 이뤄지는 점에서 청주 등과 같으며, 원료 중의 당분이 직접 발효되는 와인(wine)이나 럼(rum)주와는 구별되나 당화가 맥아 중의 효소에 의하여 제조되는 점에서 국(麴)에 의한 청주나 황주(黃酒) 등과는 구별된다. 그리고 맥주와 마찬가지로 맥아에서의 당액을 발효시켜 그 액을 증류하여 제조되는 것이 위스키(whisky)이다.

맥주 제조는 15세기 후반까지 독일의 뮌헨 지방에서 상온에서 발효시켜 단기간에 맥주를 제조하는 상면발효법(top fermentation)으로 행하여지다 그 이후부터는 현재 대부분의 맥주 제조방식인 저온 발효의 하면발효법(bottom fermentation)을 채택하였다. 상면발효법(top fermentation)으로는 오늘날 주로 영국과 아일랜드에서 양조되고 있다. 우리나라는 1953년경부터 맥주를 생산하기 시작했다.

[2] 맥주의 종류

맥주의 종류는 수천 가지에 달하지만, 가장 대표적인 맥주는 아래와 같다.

1. 라거 맥주(하면발효 맥주)

하면발효 효모(*Saccharomyces calsbergensis*)를 사용하여 6~9°C의 저온에서 발효시킨 맥주로 일반적으로 유럽대륙의 맥주이다. 장기 저장이 가능하며 충분한 숙성과 독특한 향미를 생성시켜 만든다.

2. 에일 맥주(상면발효 맥주)

상면발효 효모(*Saccharomyces cerevisiae*)를 사용하여 16~20°C의 고온에서 비교적 짧은 시간 발효시킨 맥주로 주로 영국에서 생산되고 있다.

3. 필스너(Pilsner) 맥주

체코의 필스너(Pilsner)지방에서 생산되는 옅은 황금색을 띠는 호프를 많이 넣은 하면발효 맥주로 강한 쓴맛(고미성)을 갖는다.

4. 흑맥주(주로 상면발효 맥주)

흑맥아 또는 캐러멜을 사용하여 검은색을 부여한 맥주이다.

5. 밀맥주(주로 상면발효 맥주)

상당히 많은 양의 밀을 넣어 만든 맥주이다.

[3] 맥주 원료

1. 주원료

1) 맥아(엿기름, malt)

맥아는 맥주용 보리(대맥)를 제맥(침지, 발아, 배조)하여 자체적으로 효소를 생성시킨 것을 말한다. 보리는 그대로 맥주양조에 사용할 수 없으므로 맥아로 만들어 사용하며 그 목적은 원료 보리를 침지하고 발아시켜서 당화효소, 단백질분해효소 등 맥아즙 제조에 필요한 효소들을 활성화 또는 생성시켜 보리 중의 전분질이나 단백질 등 불용성 물질을 가용화시키기 위함이다.

(가) 농색 맥아(coloured malt)

색도 15~30 EBC(European Brewery Convention)로, 건조시킬 때 온도를 상승시켜 Maillard 반응을 진행시켜 방향과 색을 부여한 맥아이다.

(나) 필스너 맥아(pilsner malt)

색도 3.0 ~ 4.0 EBC의 일반 맥아이다.

(다) 흑맥아

맥주에 검은색과 농순함을 부여하며 거품을 좋게 하고, 맥주에 특유의 향을 부여한다. 흑맥아는 여러 가지 색도가 있다.

(라) 밀맥아(wheat malt)

보리 대신 밀을 사용하여 제조한 맥아로, 밀맥아는 대맥맥아와 마찬가지로 제맥 되지만 곡피가 없다. 맥주에 밀맥아를 사용하면 고분자 단백질이 증가해서 일반 적으로 거품 유지력이 좋아진다.

2) 홉(Hop)

홉은 학명 *Humulus lupulus*로 다년생 자웅이주의 덩굴식물이며 이 식물의 웅주에 형성된 구화를 가공한 것으로, 맥주에 독특한 향기와 쓴맛을 부여할 뿐만 아니라 거품의 지속성과 항균성 등의 효과가 있다. 홉의 탄닌은 맥아즙 중의 단백질을 침전제거하므로 맥주의 청징과 안정화에 도움이 된다.

[그림 7-1] 맥아(좌), 흑맥아(우)

(가) 분쇄, 압착한 것

바람에 말린 후 단순 압착한 것(natural hop), 분쇄한 것(Hop powder), 분쇄한
것을 pellet으로 압착한 것(hop pellet)이 있는데 이들 중 hop pellet이 주로 사
용된다.

(나) Hop extract

홉의 수지, 정유성분만을 이산화탄소로 추출한 것이다.

3) 양조 용수 (brewing water)

양조용수는 음료수로 적합한 무색, 무취. 투명하고 부유물이나 미생물 오염이 없는
청결한 용수로 맥주 중의 약 90%를 차지하여 양적으로는 가장 중요한 원료이다. 따라
서 수질은 맥주 품질에 직접적으로 큰 영향을 미친다.

2. 부원료

1) 쌀

도정하여 겨와 지방을 제거하고, 미분, 분쇄미의 형태로 사용한다. 단백질, 지방 함

량이 적고 전분 함량이 많은 것이 좋다.

2) 옥수수 옥분(corn grits)

옥수수의 곡피와 지방 함량이 높은 배아를 제거하고 분쇄한 것이다.(배아는 불포화 지 방이 풍부하여 맥주의 품질에 나쁜 영향을 미친다.)

3) 옥수수 전분(corn starch)

옥수수의 전분만을 분리한 것이다.

[그림 7-2] 홉 펠렛(좌), 옥수수 전분(우)

[4] 맥즙 제조

1. 전분 분해효소(enzyme)

생물체 내에서 촉매 역할을 하는 것으로 단백질로 이루어져 있다.

1) 알파아밀레이즈(α-amylase)

녹말, 글리코겐 등의 글루코오스 사슬을 안쪽에서 불규칙하게 절단하는 가수분해효소로 액화효소라고도 한다. 반응의 초기부터 다당류는 급속히 저분자화하여 아이오딘 녹말반응을 나타내지 않게 된다. 이 효소는 글루코오스의 α-1, 4-결합에만 작용한다.

2) 베타아밀레이즈(β-amylase)

녹말, 글리코겐 등의 글루코오스 사슬을 끝에서부터 차례로 2분자씩 가수분해하여 말토오스를 생성시키는 효소로 당화효소라고도 한다. 반응이 상당히 진행해도 당의 긴 사슬이 남으므로, 아이오딘 녹말반응이 급속히 소실되는 일은 없다. α-아밀레이즈 와 마찬가지로 α-1, 6-결합에는 작용하지 않는다.

3) 베타글루카나아제(β-glucanase)

글루칸을 분해하는 효소의 총칭으로 글루칸의 β-1,3 결합을 가수분해하여 올리고당 또는 글루코오스를 생성하는 효소이다.

2. 자비법(decoction)

효소가 없는 부원료(옥수수 전분, 쌀 등)를 사용하는 경우, 부원료를 당화솥(mash copper)에서 끓여 호화 및 액화시킨 후 당화조(mash tun)로 옮겨 온도를 당화 최적온 도로 상승시키고 약 15~20분간을 교반하여 맥아의 효소력으로 당화시키는 방법이다. 맥아만 사용하는 맥주(All malt beer)에서도 강한 맛을 만들기 위해 이 방법을 사용하 기도 한다.

1) 자비법(decoction)의 목적

(가) 맥아와 부원료의 전분을 호화, 액화시켜 당화를 쉽게 한다.
(나) Melanoidine의 생성을 진행시킨다.
(다) 맥아 곡피의 내용물을 많이 침출시킨다.
(라) 효소를 실활시켜 당화액의 효소 반응을 억제한다.

3. 침출법(infusion)

부원료를 사용하지 않을 때, 하나의 당화조를 이용하여 당화액(mash) 전부의 온도 를 상승시키며, 당화와 액화를 하는 방법과 온도를 올렸다가 다시 낮추는 과정으로 당화를 하는 방법이 있다.

1) 침출법(infusion)의 장점

(가) 당화액을 끓이지 않아 20~50%의 에너지의 절감이 가능하다.

(나) 당화액의 이송이 없어 자동화가 쉽다.

(다) 시간이 짧게 소요된다.

[5] 당화액(mash)과 맥즙(wort)

1. 당화액(mash)

당화는 분쇄된 맥아와 전분질 부원료를 뜨거운 물과 혼합하여 수용성 물질을 침출시키고, 이것을 맥아자체가 갖는 효소로 가용화시키는 공정으로 맥아 찌꺼기와 단백질 응고물이 등이 섞여 있다. 원료와 온수를 섞은 상태로 자비 전 단계까지를 당화액(mash)라고 부른다.

2. 맥즙(wort)

당화액(mash)의 맥아 찌꺼기와 단백질 응고물 등을 여과하여 얻어진 것으로 자비가 종료된 후부터 발효 공정 전단계까지를 맥즙(wort)이라고 부른다. 맥즙의 성분은 대부분 발효성 당이다.

3. 당화 공정의 목적

1) 전분 분해

맥아의 α, β-amylase를 이용하여 불용성 전분을 발효 공정 중 효모가 이용할 수 있는 당류로 분해한다.

2) 단백질 분해

맥아의 peptidase를 이용하여 단백질을 효모의 영양원이 될 수 있는 amino산으로 분해한다.

3) Hemicellulose, gum의 분해

보리, 맥아의 세포벽에 있는 hemicellulose, gum질의 분해는 당화 공정에서도 일부 이루어지지만, 제맥 공정에서 잘 분해된 맥아를 사용하는 것이 중요하다.

[6] 발효

발효공정은 냉각된 맥아즙에 맥주효모를 첨가하여 알코올 발효를 시켜 맥아즙 중의 거의 모든 발효성 당을 에틸알코올로 만드는 주발효(1차 발효)와 주발효가 끝난 발효액을 저장실에서 완만한 발효에 의해 조화된 제품으로 만드는 후발효(2차 발효)로 구분된다. 발효 방법에 따라 하면발효와 상면발효로 나눈다.

1. 하면발효(bottom fermentation)

1) 하면발효는 발효 최성기를 지나면 효모 세포가 다수 응집하여 덩어리를 형성하며 발효조의 바닥에 침전한다. 발효온도는 보통 6~8℃의 저온이며 주발효는 10~12일 정도이다.

2) 하면발효에는 Saccharomyces carlsbergensis 효모를 사용하며 발효가 종료된 후 효모가 서로 뭉쳐 아래로 가라앉는 성격을 가지므로 효모 회수가 간편하다.

3) 효모는 세포분열이 끝나면 모세포와 딸세포가 떨어져 독립적으로 존재한다.

2. 상면발효(top fermentation)

1) 상면발효는 발효 중에 발생하는 탄산가스와 함께 효모가 액면에 떠서 발효 최성기를 지나면 거품과 함께 두터운 갈색 크림 상태의 층을 형성한다. 발효온도는

보통 15~20℃이며 4~5일 정도로 주 발효를 끝낸다.

2) 상면발효에는 Saccharomyces cerevisiae 효모를 사용하며 발효가 종료되면 효모가 서로 뭉치고 기포와 함께 위로 떠오르는 성격을 갖는다. 부상한 효모는 걷어내어 회수하거나 원심분리기를 이용하여 회수한다.

3) 효모는 세포분열이 끝나도 모세포와 딸세포가 완전히 떨어지지 않고 가지 모양을 이룬다.

[7] 여과 및 제품화

후발효가 끝나고 숙성된 맥주는 여과하여 투명한 맥주로 만든다. 후발효가 끝난 맥주 중의 효모나 석출된 hop resin 및 단백질 대부분은 발효조 바닥에 침전되어 제거되지만 일부는 맥주 중에 현탁되어 있으므로 규조토 여과기 등으로 여과하여 제거한다.

여과된 맥주는 일정한 압력으로 맥주 주입기에 보내어 병이나 통에 담아 제품화 한다. 여과 후 가열 살균하여 보존성을 높인 맥주(lager beer)가 일반적인 병맥주와 캔맥주이고, 여과 후 가열살균하지 않은 것을 생맥주(draft beer)라 하며 신선미는 있지만 장기보존이 어렵다.

[1] 재료(시료 및 시약)

- 맥아(일반맥아, 흑맥아)
- 홉(비터 홉, 아로마 홉, 홉 extract)
- 부원료(옥수수 전분, 옥분, 쌀, 보리 등)
- 양조 용수
- 효모 배양용 맥즙
- 한천
- 효모종균
- 0.5% 황산
- 메틸렌블루 완충액

[2] 기기(장비 및 기구)

- 계량 저울
- 계량컵
- 원료 보관용기
- 온도계
- 맥아 분쇄기
- 온도조절이 가능한 용기(발효탱크, 숙성탱크)
- 냉각기
- 측정기기(당도계, 온도계)
- 효모 배양 도구: 칼스 튜브(Carl's tube), 칼스 플라스크(Carl's flask), 고압멸균기
- 효모 계수 도구: 혈구계수기, 슬라이드글라스, 커버글라스, 멸균 피펫, 현미경

[3] 실험 방법

맥주는 원료인 맥아를 대맥에서 만드는 맥아 제조공정, 맥아에서 맥아즙을 만드는 담금공정, 효모에 의한 알코올 발효와 숙성이 진행되는 발효공정, 만들어진 맥주를 여과하여 용기에 담는 제품화공정으로 나뉜다.

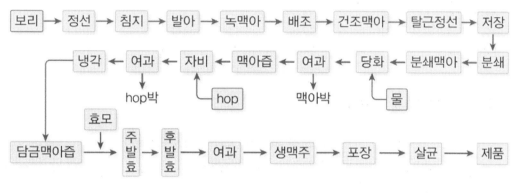

[그림 7-3] 맥주의 제조공정

[1] 맥즙 제조

발효 직전의 맥아즙은 가장 대중적인 pilsner 타입의 담색 맥주의 경우 당도 10～12% 정도이다. 이 중 20～25%는 덱스트린이다. 저칼로리 맥주용의 맥아즙은 이 값이 효소의 사용 등에 따라 낮아진다.

총질소 함량은 부원료 사용의 유무에 따라 다르나 0.8～1.2 g 질소/L가량이며, 이 중 절반 정도는 약하게 아미노산을 주체로 하는 효모에 의하여 자화되는 성분이다. 아미노산의 약 2/3는 맥아즙 중에서 이미 생성되며, 당화공정에서 생성되는 부분은 나머지의 1/3 정도이다. 맥아즙 중의 혼탁은 지질을 많이 함유하는 경우 발효에의 영향이 크므로 청징도가 높은 것이 요구된다. 색은 용해가 좋은 상면발효용의 맥아즙을 사용하는 경우에는 aminocarbonyl 반응의 진행에 의하여 적미에서 농색으로 된다. 배조한 맥아의 경우에는 갈색으로 된다. 하면발효의 경우에도 제품 맥주보다는 pH가 높기(약 5.6) 때문에 polyphenol에 의한 적미가 약간 강하다.

1. 액화

온수를 넣은 후 계량된 부원료를 넣고 교반하며 온도를 72°C로 승온시키고 약 10분간 정치하여 맥아의 α-amylase로 부원료를 액화시킨다. 이때 부원료에는 효소가 없으므로, 분쇄된 맥아 중 부원료량의 약 10% 정도를 함께 투입한다.

2. 호화

90~100°C까지 온도를 올려 약 10분간 호화시킨 후 당화조로 이체한다.

3. 당화(saccharification)

당화는 분쇄된 맥아와 전분질 부원료를 뜨거운 물과 혼합하여 수용성 물질을 침출시키고, 이것을 맥아자체가 갖는 효소로 가용화시키는 과정이다. 효소는 온도에 민감하므로 공정의 온도 관리에 주의한다.

(1) 당화조에 온수와 분쇄된 맥아를 투입하고 가라앉지 않도록 교반한다.

(2) 호화가 끝난 부원료를 당화조에 넣고 당화조의 내용물 온도가 목표로 하는 당화 온도보다 약 1~2°C 낮은 온도가 될 수 있도록 조절한다.

(3) 최종 맥주의 특징(단맛의 정도, 알코올 도수)에 맞추어 당화 온도를 62~70°C로 조절한다.

4. 여과

당화공정을 종료하면 곧바로 여과공정으로 옮긴다. 당화에서 얻은 당화액을 용해성 물질을 함유한 맥즙(wort)과 불용성 물질인 곡피로 이루어진 맥박(spent grain)으로 분리하는 공정이다. 맥아가 너무 작게 분쇄될 경우 여과가 잘 진행되지 않을 수 있으므로, 여과 공정 중 여과의 진행 상황을 계속 확인해야 한다. 처음 여과한 여과액은 탁하므로, 탁도가 일정 수준까지 낮아질 때까지 여과액을 여과조로 다시 옮겨 재여과한다.

5. 자비

자비를 통해 수분의 증발, 휘발성 물질의 휘산, 호프 고미 성분의 변화와 맥즙 용해로 쓴맛을 부여한다. 또한 맥즙 색도의 상승 및 환원성 물질의 생성과 맥즙의 살균 및 효소의 실활을 목적으로 한다.

1) 맥즙을 100℃까지 가열한다. 이때 자비부 내부의 공기를 제거하기 위해 자비부의 뚜껑을 열어놓는다.

2) **맥즙을 끓인다.**

(가) 맥즙을 끓이는 정도는 자비 증발율(증발한 수분의 양/자비 전 맥즙량)으로 나타내며, 4~10% 정도 자비를 실시한다.

(나) 자비 증발율이 높으면 단백질이 과다하게 응고되어 제품의 포지력이 나빠지며, 낮으면 포지력은 좋아지나 맥주의 안정성이 좋지 않다.

3) **홉을 넣는다.**

(가) 비터 홉, 홉 extract 넣기
쓴맛 성분이 많은 비터 홉, 홉 추출물(extract)은 수득율 향상을 위해 자비 초반에 넣는다.

(나) 아로마 홉 넣기
향기 성분이 많은 아로마 홉은 자비 종료에 가까운 시점에 투입한다.

(다) 홉의 다양한 투입 방법과 그 특징

(1) 자비부 투입(kettle hopping)
비터 홉, 홉 extract, 아로마 홉을 모두 자비부에 투입하여 자비 공정 중 끓이는 방법이다. 홉의 쓴맛(고미) 수득율이 좋고, 맥주 안정성이 좋아지나 홉의 향미는 휘발되어 최종 제품에 많이 남지 않는다.

(2) 침전조 투입(late hopping)
비터 홉, 홉 extract는 자비부에 투입하고, 아로마 홉은 침전조에 투입하여 아로

마홉의 향미가 자비 중 휘발되는 것을 방지하는 방법이다. 홉의 쓴맛 수득율이 나빠지고, 맥주 안정성도 좋지 않으나 홉의 향미가 자비부 투입보다 많이 남는다.

(3) 발효탱크 투입(dry hopping)

비터 홉, 홉 extract는 자비부에 투입하고, 아로마 홉은 발효탱크에 투입하여 아로마 홉의 향미의 손실을 최소화하는 방법이다. 홉의 쓴맛 수득율이 나빠지고 맥주 안정성도 좋지 않으며, 발효탱크의 세척이 잘 안될 수 있다. 그러나 홉의 향미가 가장 많이 남는다. 발효 중 홉이 액면으로 떠올라 맥주에 녹지 않을 수 있으므로 맥주를 순환시키거나, 망에 홉을 넣어서 발효탱크에 투입하는 등 대안을 강구해야 한다.

6. 냉각

발효 전 효모가 살 수 있는 온도까지 맥즙을 냉각시키는 공정으로, 맥즙의 온도는 발효 시의 발열을 감안하여 목표로 하는 발효 온도보다 1~2℃ 낮은 온도로 냉각한다.

[2] 발효공정

1. 효모 배양

1) 효모종균을 맥즙 배지가 들어있는 페트리접시에 도말하여 30℃, 3일간 배양한다.

2) 멸균된 맥즙이 들어 있는 배양탱크에 접종하여 약 20℃에서 약 2~3일간 배양한다.

3) 배양된 효모를 발효탱크에 먼저 넣고, 맥즙을 받아 발효탱크를 채운다. 발효탱크에 넣을 효모의 양은 $1.0 \sim 2.0 \times 10^6 / mL$를 계산하여 넣는다.

4) 발효가 종료되면 아래로 가라앉거나(하면발효 효모), 위로 부상한(상면발효 효모) 효모를 회수하여 다음 발효에 사용한다.

(가) 하면발효 효모

(1) 발효 기간 중 아래로 가라앉은 효모는 2~3회 회수한다.

(2) 회수한 효모는 자가소화(autolysis)되지 않도록 2℃ 미만의 온도에서 보관하고, 가능한 한 빨리 다음 발효에 재투입하여 사용한다.

(3) 여러 번 회수하여 사용한 효모, 사세포 비율이 높은 효모, 미생물에 오염된 효모, 효모 세포수가 너무 적은 효모는 재사용하지 않고 폐기한다.

(나) 상면발효 효모

(1) 발효 기간 중 위로 떠오른 효모는 2~3회 걷어내어 회수한다.

(2) 효모의 저장, 사용 방법은 하면 발효 효모와 같다.

2. 발효주 냉각과 숙성

1) 최종 당도보다 1 plato 정도 높은 당도에 도달하면 냉각을 시작한다.

2) 숙성은 0℃ 이하에서 약 7일~30일간 한다.

3) 가라앉은 효모는 자가소화(autolysis)되어 맥주에 좋지 않은 영향을 미칠 수 있으므로 3~5일에 한번 씩 제거한다.

[3] 여과 및 살균

1. 숙성이 끝난 맥주를 규조토로 여과하고 최종 제품이 될 맥주이므로 철저히 분석하고, 관능검사를 통해 맛의 이상 유무를 확인한다. 즉 투명도와 향미가 유지되어야 한다.

2. 맥주가 유해균에 오염되어 있으면 유통과정 중 맛이 변하거나, 혼탁이 발생할 수 있으므로 살균 또는 제균하여 미생물을 제거해야 한다.

1) 고온 단시간 살균법(flash pasteurizer)

열교환기를 통해 순간 살균한 후 용기에 충전하는 방법. 효과적인 살균이 가능하고 향미 손실도 비교적 크지 않지만, 살균한 후에 재오염되지 않도록 주의할 필요가 있다.

2) 터널 살균법(tunnel pasteurizer)

맥주를 용기에 넣고 용기채로 터널에 넣어 살균하는 방법으로, 가열에 의해 맥주의 향기가 손실될 수 있다.

3) 여과막(기공: 0.1~10 μm)을 이용한 제균

[4] 충전 · 밀봉

1. 맥주병 안의 공기를 탄산가스로 치환하는데 충전할 때 과도하게 거품이 발생되지 않도록 탄산가스를 병 안에 불어넣는다.

2. 거품이 과도하게 발생하지 않도록 맥주를 천천히 병 안에 넣으며 탄산가스를 그만큼 제거하면서 충진한다.

3. 병마개를 알코올 또는 열수로 소독하고 타전기를 이용하여 병마개를 닫는다. 이 때 병마개를 닫기 직전 병 입구를 금속봉으로 때려 강제로 거품을 발생시켜 head space의 공기를 제거한다.

1. 하면발효 맥주와 상면발효 맥주에 사용되고 있는 효모는 무엇인가?

2. 홉(hop)의 사용 목적은 무엇인가?

3. 하면발효 맥주와 상면발효 맥주의 발효조건(온도와 시간)은?

4. 당화(saccharification)란 무엇인가?

5. 숙성된 맥주의 풍미를 평가해보라.

샘플 \ 강도	0	1	2	3	4	5
색깔						
성상						
향						
단맛(혹은 감칠맛)						
신맛						
쓴맛						
짠맛						
떫은 맛						

• 대두를 재료로 발효반응을 이용하여 된장을 만들 수 있다.

필요 지식

[1] 개요

된장은 간장, 고추장과 더불어 우리나라의 대표적인 장류의 발효식품이다. 이들의 공통점은 콩을 주원료로 사용하며, 익힌 콩은 메주로 만들어지고 여기에 각종 미생물들이 자라 콩단백질을 분해하여 아미노산으로 만들어 준다. 메주는 만드는 재료, 만드는 장소, 그리고 띄우는 장소에 따라 달라붙는 미생물이 일정하지 않다. 메주는 제일 먼저 콩의 단백질이 아미노산으로 분해하는 과정을 거치면 이어서 각종 미생물이 번식하면서 숙성을 거쳐 특유의 독특한 맛과 향기를 낸다. 이런 의미에서 옛날부터 된장에 오덕(五德)이 있다고 했다. 첫째, 된장은 다른 음식과 섞여도 결코 자기 맛을 잃지 않는다 하여 단심(丹心) 이라 했고, 둘째는 세월이 흘러도 그 맛이 변치 않으며 오히려 더욱 깊은 맛을 낸다 하여 항심(恒心)이라 했으며, 셋째는 비리고 기름진 냄새를 없애 준다 하여 무심(無心), 넷째는 매운 맛을 부드럽게 만들어 준다 하여 선심(善心), 마지막으로 화심(和心)인데 이는 어떤 음식과도 잘 조화를 이루어낼 줄 아는 덕이다.

된장의 종류는 크게 전통된장(재래식 된장)과 개량된장으로 나눌 수 있다. 전통된장은 발효에 *Bacillus subtilus*가 사용되는 것이며, 개량된장은 콩과 코지의 혼합물에 *Aspergillus oryzae*가 사용되기 때문에 근본적으로는 차이가 있다.

[2] 된장의 종류

된장의 종류는 크게 전통된장(재래식된장)과 개량된장으로 나뉘는데 전통된장은 전통간장의 부산물로 만든 막된장과 메주를 이용해서 만든 토장으로 구별되며 그 외에도 막장, 담북장, 즙장 등이 있다. 또 개량된장은 전분질 원료에 따라 쌀된장, 밀된장, 보리된장, 콩된장 등의 여러 종류가 있다.

1. 재래식 된장의 종류

1) 막된장

막된장은 메주를 소금물에 담아서 전통간장을 우려낸 후의 부산물로 만든 것이다.

2) 토장

토장은 막된장에 메주가루를 섞고 필요량의 소금물을 가하여 수분과 염분을 조정해서 잘 다져 2~3개월 숙성한 것이다. 또는 막된장과는 전혀 관계없이 메주만으로 상온에서 장기 숙성시키 만들 수도 있다.

3) 막장

일종의 속성 된장으로 메주를 소금물과 썪어서 햇볕이나 따뜻한 곳에서 6~7일 정도 숙성을 촉진시킨 만든 것이다. 보리나 밀을 띄워 담그므로 콩보다 단맛이 많으며, 보리 수확이 많은 남부지방에서 주로 만들어 먹는다.

현재에는 보리를 곱게 갈아서 여기에 엿기름물을 타서 죽을 쑨다. 여기에 고춧가루(또는 고추씨가루)와 소금 및 메주가루를 혼합해서 더운 곳에 30~40일간 숙성시켜 제조한다.

4) 즙장

즙장용 메주는 콩과 밀기울을 1 : 2 또는 1 : 3의 비율로 섞어서 만든다. 즙장을 담그는 방법은 메주가루에 소금과 물 그리고 무나 고추, 배춧잎 등의 채소를 썰어 넣고 걸쭉하게 담아 숙성시킨다. 주로 여름철에 먹는데 산미가 약간 있어 새콤하고 감칠맛이 있다.

5) 담북장

청국장 가공품으로 볼 수 있는데 볶은 콩으로 메주를 쑤어 띄운 후 고춧가루, 마늘, 소금 등을 넣어 단기간 숙성시켜 만든다. 청국장에 양념을 넣고 숙성시키는 방법은 메주를 쑤어 5~6 cm 지름으로 빚고 띄워 말려 소금물을 부어 따뜻한 장소에 7~10일 발효시킨다. 된장보다 맛이 담백하다.

6) 쌈장

쌈장의 주원료는 된장과 고추장이며 여기에 마늘, 파, 풋고추 등 채소류나 참기름, 설탕 또는 육류 등을 넣어 각자의 기호에 맞게 만들어 왔다. 현재는 사용량이 많아져서 상품화되어 있다.

2. 개량식 된장의 종류

된장의 주원료는 콩과 전분질 원료로 나누어지는데 전분질 원료로 쌀, 보리쌀, 밀, 소맥분, 옥수수, 감자 등이 주로 사용된다. 콩, 보리 및 소금물의 혼합 비율에 따라 숙성기간과 맛이 달라진다(표 8-1).

1) 콩된장
2) 보리된장
3) 밀된장
4) 쌀된장
5) 기타(옥수수, 감자 등)

[표 8-1] 담금의 원료배합

종류	콩	소금	코지(원료량)	숙성기간	특징
쌀된장 A	1	0.3~0.35	2	7일~1개월	저장성 약, 단맛 강
쌀된장 B	1	0.3~0.4	0.8~1	1개월~2개월	저장성 약, 단맛
보리된장 A	1	0.5	0.5	1개월~2개월	풍미 양호, 약간 신맛
보리된장 B	1	0.5	0.5	1개월~1.5개월	저장성 강, 짠맛 강

[3] 된장 발효균

메주에서 자라는 미생물이 amylase와 protease를 만들어내기 때문에 메주 발효외 주요 효소가 된다. 발효·숙성과정에서 단백질은 펩티드를 거쳐 아미노산으로 분해되고, 전분은 분해되어 당을 거쳐 알코올 또는 유기산으로 되며, 이것은 에스테르로 되어 독특한 된장의 향을 형성한다.

1. 메주에서 자라는 세균류

Bacillus subtilis, Bacillus pumilus, Staphylococcus aureus 등

2. 메주에서 자라는 곰팡이류

Aspergillus oryzae 등

3. 메주에서 자라는 효모

Zygosaccharomyces rouxii, Toluopsis dotila 등

[4] 일반 성분 및 영양

전통된장은 일반적으로 개량된장에 비해 단백질이 적고 수분, 회분, 염분이 많다. 콩에는 필수아미노산 9가지가 모두 포함되어 있다. 숙성과정 중에 유리아미노산 종류

는 leucine, phenylalanine, valine, glutamic acid, tyrosine, histidine, lysine, alanine, proline, arginine 등이며, 숙성 초기에는 감소하다 3개월부터 완만한 증가를 보인다. 또한 된장은 탄수화물 주식에 대한 단백질의 보족 효과면에서 영양학적으로 우수한 식품이다.

실험 재료 및 방법 **된장제조**

[1] 재료(시료 및 시약)

- 대두
- 보리
- Bacillus subtilis 또는 Aspergillus oryzae

[2] 기기(장비 및 기구)

- 플리스틱병(혹은 유리병)
- 중자기(또는 autoclave)
- 분쇄기
- 발효기
- 전자저울
- 플라스틱통
- 천

[3] 실험 방법

① 우선 좋은 대두를 선별하고 깨끗이 씻는다. 쌀은 5~10%의 정백도, 밀과 보리는 10~30%의 도감을 행한 것을 사용한다.

② 대두는 약 12시간 이상, 보리는 3시간 정도 물에 담가 준다. 이때 대두는 1.2~1.5배의 물을 흡수하여 중량이 2.2~2.5배로 늘어나므로 콩 부피의 3배 이상의 물을 사용한다.

③ 증량된 상태가 처음 원료 콩 무게의 2.2배 이상인지 확인한다. 물에 불린 대두는 연한 갈색이 나타난다.

④ 콩과 보리를 먹기에 좋을 정도로 가압 증자한다.

⑤ 콩된장의 경우는 콩 전량을 제국(코지)하고 쌀이나 보리를 섞는 경우는 쌀이나 보리만을 제국한다.

⑥ 30~35℃로 식힌 증자한 콩과 코지, 소금물을 일정 비율로 혼합하여 분쇄기에 넣고 마쇄한다.

⑦ 마쇄된 혼합물을 플라스틱통에 담고 뚜껑을 덮는다. 담금 시 된장의 수분은 48~52%가 되도록 조절한다.

⑧ 발효기에 넣고 30℃에서 7일간 발효·숙성한다.

⑨ 숙성이 끝나면 60℃에서 10분간 살균 처리한다.

1. 전통 된장과 개량된장에 주로 사용되는 미생물은 무엇인가?

2. 전통 된장의 종류에 대하여 설명하라.

3. 된장의 발효 조건은?

4. 숙성된 된장의 풍미를 평가해보라.

샘플 ＼ 강도	0	1	2	3	4	5
색깔						
성상						
향						
단맛(혹은 감칠맛)						
신맛						
쓴맛						
짠맛						
떫은 맛						

실험 9 청국장 발효

실험목표

• 대두를 재료로 발효반응을 이용하여 청국장을 만들 수 있다.

필요 지식

[1] 개요

청국장은 콩의 발효식품 중 가장 짧은 기간(2~3일)에 완성할 수 있는 우리의 전통 발효식품 중 하나로 있으며 중요한 단백질 공급원으로 있다. 일본의 낫토(natto), 중국의 떠우츠(豆豉),태국의 토아나오(thuanao) 등도 콩을 속성으로 발효시켜 만든 일종의 청국장이며 식용방법은 많이 다르다. 한국의 청국장은 각 지방 또는 가정마다 제조방법이 조금씩 다르다.

청국장의 가장 독특한 특징은 점질물의 생성으로 그 화학적 구성은 glutamic acid가 중합된 polypeptide와 fructose가 중합된 fructane의 혼합물로서 그 혼합비는 전자가 약 60~80%를 이루고 있다. 이 침전물은 전체의 약 2% 정도이며 pH는 7.2~7.4에서 가장 안정하다.

[2] 청국장균

청국장 발효에는 고초균(枯草菌, *Bacillus subtilis*)이 사용되며 이 균은 찐콩에 잘 생육하고 그 외에도 여러 가지 곡물이나 육류, 어패류, 유제품 등에도 잘 생육하여 일종의 부패균으로 취급된다. 재래식으로 청국장을 만들 때는 볏짚 등을 사용하여 발효시켰는데 이는 볏짚에 고초균이 서식하고 있어서다.

1905년 일본의 Shin Sawamura가 낫또에서 *Bacillus natto Sawamura*세균을 분리·동정하였고 이 균주는 후에 *Bacillus subtilis*로 분류되었으며 biotin 요구성이 있는 것이 특징이다. *Bacillus subtilis*는 호기성으로 포자형성능이 있으며 생육온도는 40°C 전후이다.

[3] 발효 및 제성

청국장의 고초균 포자의 발아 최적온도는 40°C 전후이다. 청국장의 실제 제조에서는 삶은 대두를 솥에서 퍼낸 직후 약 80~90°C에 접종하여 30분 정도 놓아두는데, 그 이유는 고초균은 내성포자가 있어 내열성이 높고 또 포자에 단시간 고온 충격을 주면 발아 촉진 효과가 있기 때문이다. 고초균의 최적 생육조건은 온도가 40~50°C, pH는 중성이나 약알카리성이며, 산소가 필요하므로 충분히 통기될 수 있도록 한다. 청국장 발효시간은 24~36시간 정도이다. 발효된 콩에 소금을 첨가한 후 마쇄하는데 소금의 양은 발효물 중량의 7~8% 정도로 첨가하여 골고루 섞은 후 마쇄기로 분쇄하고, 분쇄된 청국장은 계량포장 한다.

[4] 청국장의 성분

청국장의 풍미 성분은 주로 단백질 분해물과 프로피온산(propionic acid), 호박산(succinic acid), 낙산(butylic acid) 등의 유기산이며 특히 볏짚을 이용한 청국장에서 낙산이 많이 생성된다. 청국장 중의 수분은 발효 3일 후부터 감소되고 환원당은 발효 초기에 약간 증가하다가 후기에는 모두 감소한다. 조단백질은 감소하다가 3일 후에는 증가하며 조섬유의 함량은 발효시간의 경과에 따라 조금씩 증가하는 경향이 있다. 비타민 B_2는 발효가 진행됨에 따라 증가한다.

아미노태 질소 화합물은 냄새가 심하고 영양가치가 없으며 수용성 질소화합물과 더불어 40℃에서 발효시켰을 때 가장 높은 수치를 나타내며 50℃ 발효 시 급증한다. 조지방 함량은 불규칙한 증감현상을 나타낸다(표 9-1).

[표 9-1] 청국장의 성분(100g당)

성분	열량	수분	단백질	지질	탄수화물		회분	칼슘	인	철	비타민 A	비타민 B$_1$	비타민 B$_2$	나이아신	비타민 C	폐기물
					당질	섬유										
	kcal	%	g	g	g	g	g	mg	mg	mg	I.U	mg	mg	mg	mg	%
함량	179	55.3	16.3	7.6	11.1	1.0	8.4	106	189	3.3	0	0.06	0.22	1.1	0	0

1. 갈변물질

청국장의 미생물이 amylase와 protease의 효소가 분비되어 대두는 아미노산과 당으로 분해된다. 아미노산과 당이 반응하여 melanoidin이란 갈변물질을 만드는데 이것은 고추장과 인삼 등의 보존 중에 갈색으로 변하게 하는 물질이다. 갈변물질은 강력한 항산화효과가 있다.

2. polyglutamate

발효된 청국장에는 끈적끈적한 실 같은 점액질이 있는데 이것의 주성분이 polyglutamate이다. Polyglutamate는 taxol이란 항암물질을 체내에 효율적으로 운반하는 능력이 있기도 하고, 그 자체가 항암효과가 있다. 또한 polyglutamate는 물을 많이 잡는 보습제로서의 특성도 있어 화장품 재료에도 이용되고 있다.

3. 고분자 핵산

핵산은 항암효과, 면역력 증강효과 등 유익한 생리활성이 많이 알려져 있다. 세포 내에서 핵산의 생합성에는 de novo합성과 salvage합성의 두 가지 경로가 있다. de novo합성은 주로 간에서 아미노산 등으로부터 핵산을 합성하는 방법으로 나이가 들어가면 간기능의 저하로 핵산의 합성능력이 떨어진다. Salvage합성은 음식을 통해 섭취한 핵산을 뉴클레오티드로 분해 흡수되어 우리 몸에서 재합성하는 과정이다. 따라서 우리는 핵산을 음식물을 통해 공급할 필요가 있다. 유익한 핵산은 그 분자량에 의해 저분자 핵산과 고분자 핵산으로 구분할 수 있는데, salvage 합성에서는 저분자 핵산보다 고분자 핵산을 이용한다. 그 이유로는 저분자 핵산은 이미 너무 분해가 되어 사용할 수 없는 경우가 대부분이기 때문이다. 청국장에는 고분자 핵산이 포함되어 있다.

[5] 청국장의 효능

1. 당뇨병

청국장 100g에 비타민 B_2는 0.22 mg이 함유되어 있다. 당뇨병은 우리 몸에서 비타민 B2의 흡수율을 떨어뜨리므로 비타민 B_2의 섭취는 당뇨병이나 그 합병증의 예방과 치료에 효과가 있다. 또 인슐린의 분비를 촉진하고 동시에 동맥경화의 원인이 되는 혈액 중의 지방분을 감소시키는데 효과가 있는 레시틴이 청국장에 많이 함유되어 있다.

2. 항암효과

콩을 씻을 때 거품이 생기는 것은 콩의 사포닌 성분 때문인데 사포닌은 그 종류가 대단히 많으며 인삼의 사포닌이 대표적인 것이다. 콩의 사포닌은 항암 작용이 있으며, 혈액중의 콜레스테롤치를 저하시키고 동맥경화를 막는 것으로 알려져 있다. 사포닌과 같은 식이 섬유에는 유해성분이 장점막과 접촉하는 시간을 줄이고 유해성분을 흡착해서 독성을 약하게 하는 작용이 있다. 또한 청국장의 끈끈한 실의 주된 구성성분이 polyglutamic acid인데, 이는 항암물질의 운반에 관여할 뿐만 아니라 그 자체로도 항암능력을 지니는 것으로 알려져 있다.

3. 혈압강하 효과

고혈압에는 본태성 고혈압과 증후성 고혈압으로 두 가지 형태가 있다. 본태성 고혈압은 몸에 특별한 이상이 없는데 혈압만 높은 경우로 유전적으로 타고 난 것이고, 증후성 고혈압은 심장이나 신장 또는 뇌 등 몸의 어딘가에 병이 있어 나타난 고혈압이다. 안지오텐신(angiotensin)은 우리 몸에서 혈압을 조절하는 것으로 안지오텐신 변화 효소(ACE)라는 물질이 작용하면 혈압이 올라가는데 청국장에 있는 단백질을 분해하는 효소인 Protease라는 효소가 안지오텐신 변환 효소의 작용을 강력하게 저지하여 혈압을 낮춘다. 고혈압의 방지에는 햇 청국장보다는 조금 1묵은 것이 더 효과적이다.

4. 콜레스테롤 저하 효과

정상적인 성인의 몸 속에는 콜레스테롤이 평균 $100 \sim 150\,g$이 있다. 콜레스테롤이 과다하게 있으면 혈관에 침착해서 동맥경화나 고혈압 등의 성인병을 유발하기도 한다. 레시틴은 혈관 벽에 부착되어 있는 악성 콜레스테롤을 혈액 속으로 녹여내어 노폐물로서 몸 밖으로 배설시켜 혈액순환을 원활하게 하여 동맥경화나 고혈압 등의 성인병을 예방하게 해준다.

5. 혈전용해 효과

혈전을 녹여주는 효소들이 많이 들어있어 심장병이나 뇌졸중을 막아 준다.

6. 빈혈 예방

빈혈은 헤모글로빈의 양이 정상치보다 낮은 것으로 그 원인은 철분섭취가 부족하거나 어떤 질환으로 만성적으로 혈액의 손실이 있을 때 일어나는 것이다. 우리 몸에서 식품 중의 철분은 주로 십이지장에서 흡수되어 골수에서 적혈구의 헤모글로빈을 만들어 준다. 청국장에는 $100\,g$당 $3\,mg$의 많은 철분이 함유되어 있고 또한 철분을 충분히 활용해서 빈혈을 막아주는 비타민 B_{12}도 포함되어 있다.

7. 노화 방지

청국장 속에는 비타민 E(Tocopherol, TCP)가 있으며 이것은 콩기름 속에 있는 리놀산이나 리놀렌산이 과산화물이 되어 우리 몸을 해치는 일을 막아주는 항산화 작용을 한다. 또한 청국장에는 콩에서 유래한 플라보노이드류도 많이 있어 지방이 산화되는 것을 막아 주어 노화나 주름살을 방지하는 효과가 있다.

8. 정장작용

위장 내에는 젖산균과 같은 유익균과 병을 일으킬 수 있는 유해균이 혼재해서 살고 있다. 청국장 1 g에는 10억 개 이상의 균이 살아있다. 청국장 균이 우리 몸에 들어가면 유해균을 몰아내고 장내 환경을 유익균으로 형성하여 소화활동을 활발하게 돕고 장을 자극하여 배변활동을 활발하게 하여 변비를 예방하고 청국장이 지니는 식이섬유와 더불어 뱃속을 깨끗하게 청소해 준다.

[6] 청국장 보관법

장기 보관을 원한다면 랩으로 청국장을 싸서 냉동실에 보관한다. 이렇게 냉동 보관된 청국장은 상온에서 1~2시간 정도 방치하면 원래의 청국장과 동일한 향과 맛을 나타낸다. 잠시 보관을 한다면 냉장실에서 보관해도 된다.

실험 재료 및 방법 청국장제조

[1] 재료(시료 및 시약)

- 대두
- Bacillus subtilis의 배양액
- 소금

[2] 기기(장비 및 기구)

- 중자기(또는 autoclave)
- 분쇄기(혹은 절구)

- 발효기(incubator)
- 전자저울
- 1L 플라스틱통
- 양푼
- 스포이드(혹은 마이크로피펫과 팁)

[3] 실험 방법

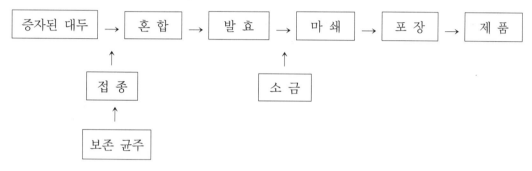

[그림 9-1] 청국장 제조과정

① 우선 좋은 대두를 200g 선별하고 깨끗이 씻는다.
② 대두를 약 12시간 이상 물에 담가 둔다. 이때 대두는 1.2~1.5배의 물을 흡수하여 중량이 2.2~2.5배로 늘어나므로 콩 부피의 3배 이상의 물을 사용한다.
③ 물에 불린 대두를 연한 갈색이 나타나고 먹기에 좋을 정도로 약 3시간 삶아 준다.

   ☞ Autoclave를 사용할 경우에는 1.0~1.5 kg/cm²의 압력 상태에서 30분 삶아 준다.

④ 청국장 제조 시에 가장 중요한 과정이 청국장의 맛과 향인데 대두를 발효시키는 균주에 따라 확연히 달라지므로 어떤 균주를 사용하느냐가 중요하다.
⑤ 삶은 콩을 플라스틱통에 넣고 스포이드로 starter(배양한 고초균)를 몇 방울 접종하여 섞어준다.

   ☞ 전통적인 방법으로는 삶은 콩을 볏짚과 섞어주어 볏짚내의 균주가 삶은 콩으로 이동하여 콩을 발효시키게 된다. 개량형의 청국장은 특정 균주를 직접 접종하여 발효시킨다. 집에서 청국장을 제조할 때에는 전통적인 방법을 사용하면 된다. 만일 볏짚을 구하기가 힘들면 그냥 삶은 콩을 발효시키면 공기 중에 떠도는 청국장 균주가 저절로 정착하여 청국장이 제조된다.

☞ 잘 냉장/냉동 보관된 청국장이 소량 있다면, 이를 물에 풀어서 삶은 콩에 골고루 뿌린 후 발효시켜도 된다.

⑥ 배양기에 넣고 37~42℃, 습도 80% 정도를 유지하여 2~3일 정도 발효한다. 호기적으로 발효해야 하므로 플라스틱 뚜껑을 조금 열어 둔다.

⑦ 콩의 표면이 발효되어 갈색이 진해지고 하얀 실이 생기게 된다. 젓가락으로 콩을 떴을 때 실이 많이 생기면 좋은 청국장이 완성된 것이다.

☞ 가정집에서 제조 시에는 따뜻한 방에서 이불 등으로 감싸두면 어느 정도의 온도는 유지되고 습도는 약간 습한 정도면 된다.

⑧ 중량비로 7~8% 가염 후 마쇄하여 냉장 보관한다.

1. 청국장에 starter로 사용되는 세균은 무엇인가?

2. 청국장의 실과 같은 점물질 성분은 무엇인가?

3. 청국장의 발효 조건은?

4. 청국장의 풍미를 평가해보라.

샘플＼강도	0	1	2	3	4	5
색깔						
성상						
향						
단맛(혹은 감칠맛)						
신맛						
쓴맛						
짠맛						
떫은 맛						

10 침채류 발효

10-1 오이 및 양파피클 제조

실험목표	• 오이와 양파를 재료로 발효반응을 이용하여 오이피클과 양파피클을 만들 수 있다.

필요 지식

[1] 개요

우리나리와 같이 된장과 간장이 없는 서양에서는 소금 절임(塩漬)과 초절임(醋漬)이 있으며 대표적인 침채류는 사우어크라우트(Sauerkrautd)와 피클(pickle)이 있다. 사우어크라우트(Sauerkrautd)는 잘게 썬 양배추를 2~3% 소금 용액에서 유산발효를 행하여 산과 특유의 풍미를 부여시킨 것으로 생산지는 독일을 중심으로 한 유럽이다. 피클(pickle)은 채소와 과실류를 소금, 식초, 향신료 등을 넣어 절인 것으로 주로 오이, 양파 등으로 만든다. 가장 좋은 품질을 만들기 위해서는 신선한 재료를 선택하고, 물은 경수보다 연수를 사용하며 식초는 초산이 5~7% 함유되어 있는 것을 쓴다.

[2] 피클의 종류

1. 염절임 피클(Salt Pickles)

장아찌나 일본의 쯔께모노를 염절임할 때에는 무거운 돌을 올려놓아 압축하여 원료의 조직감을 살리게 되지만 피클의 경우에는 원료를 그대로 염수에 넣어 절임하기 때문에 원료 원형이 그대로 유지된다. 저염도에서 절여 젖산발효를 왕성하게 하도록 하는 발효오이피클이나 사우어크라우트(Sauerkraut) 등도 있으며 여기에 향신료인 Dill(향료식물)을 가하여 담근 것으로 Dill Pickles이 있다.

2. 초절임 피클(Sour Pickles)

염절임한 각종 야채 등을 탈염하여 식초에 담가 초절임한 피클로 산도는 1.5~2.5%로 강하다. 식초는 풍미 면에서 과실초를 사용하는데 포도초와 사과초가 좋으며 구연산, 사과산, 빙초산 등의 유기산을 배합하여 사용하기도 한다. 향신료로써는 올스파이스, 정자(丁子), 월계수 잎, 후추 등을 사용한다.

3. 감초(甘酢)절임 피클(Sweet Pickles)

햇마늘이나 락교의 감초(甘酢)절임과 같은 형태의 것으로 감미와 산미가 함께 있어 먹기 좋으며 보통 시판하고 있는 피클의 대부분이 이에 해당된다. 염절임 피클 원료를 탈염한 후 감초액(甘草液)에 담가 만든다.

4. 혼합 피클(Mixed Pickles)

각종 야채를 잘라서 혼합한 것으로 오이, 양파, 커리플라워, 청토마토 등이 배합된다. 절단된 피클류에는 혼합형의 피클이 많다.

5. 절단 피클(Chopped Pickles)

야채류를 잘게 잘라 식초나 감초에 절임한 것으로 Relish나 Chow Chow 등으로 불리우는 것이 있다. 오이, 양파, 청토마토, 양배추 등이 원료로 되며 샌드위치에 넣는 재료로도 적합하다.

6. 겨자 피클(Mustard Pickles)

야채류를 식초에 겨자를 넣어 만든 조미액에 담가 만든 것으로 겨자의 매운 맛을 내면서도 신맛이 강한 피클이다.

[3] 발효

발효 초기의 3~5일째까지는 대부분 유산구균인 *Enterococcus*, *Leuconostoc*, *Pediococcus* 속 균이 증식하여 유산이나 초산이 생산된다. 그 결과 산에 약한 *Pseudomonas*나 *Enterobacter*속 균 등의 세균류가 감소, 사멸하여 유산구균이 우세하게 된다.

발효가 진행되면 *Lactobacillus*속 유산균의 생육이 왕성하여 많은 유산이 생성되어 8~10일째에는 산도가 2% 달한다. 그 결과 산에 대한 저항성이 상대적으로 약한 유산구균은 감소하고 저항성이 강한 유산 간균이 남게 된다. 유산 간균으로는 *Lactobacillus plantarum*이나 *Lactobacillus brevis*가 우세균으로 되는 경우가 일반적이다. 실제 발효에서는 초기의 미생물의 종류, 균의 양, 식염농도, 발효온도, 당 농도 등의 요인에 따라 다르며 미생물의 변화는 복잡하다.

발효 Pickle의 주요 부패로는 연화와 팽창이 있다. 연화의 원인은 곰팡이 생육에 의한 것으로 그 대표적인 것은 *Penucillium*, *Fusarium*, *Alternaria*, *Cladosporium* 속에 속하는 곰팡이로 있고, 이 곰팡이가 생산하는 pectinase에 의해 오이를 연화시킨다. 또 팽창은 제조공정에서 오이의 내부에 침입한 *Torulopsis*, *Saccharomyces*속과 같은 발효성 효모나 hetero형의 유산발효를 행하는 L. brevis가 생산하는 이산화탄소에 의하여 생긴다.

[표 10-1] 피클 발효균 종류

균의 분류	균의 종류
유산구균	- *Leuconostoc mesenteroides* - *Enterococcus faecalis* - *Enterococcus faecium* - *Pediococcus pentosaceus* - *Pediococcus cerevisiae* - *Pediococcus acidilactici*
유산간균	- *Lactobacillus plantarum,* - *Lactobacillus brevis*

실험 재료 및 방법 1 ▶ 오이피클 제조

[1] 재료(시료 및 시약)

- 오이
- 월계수 잎
- 통후추
- 타이고추
- 적채
- 소금
- 양조식초
- 설탕
- 피클링스파이스

[2] 기기(장비 및 기구)

- 식칼

- 스텐냄비
- 도마
- 계량컵
- 유리병
- 가스렌지(혹은 Hot plate)

[3] 실험 방법

원료 → 선발 → 세척 및 담기 → 발효 → 저장 → 제품

1. 원료의 염수 침지 및 발효

① 선별된 오이를 깨끗이 세척한다.

② 적당한 크기로 절단하거나 또는 통째로 여름에는 10%, 겨울에는 8% 정도의 소금물에 담근다.

③ 침지한 상태로 20~25일 정도 발효시킨다.

발효 중 오이를 염수에 침지하여 두면 염의 농도가 낮아지는데 염의 농도가 낮아지면 유해균이 오염되어 젖산 발효가 잘되지 않아 발효 기간이 연장되기 때문에 염의 농도를 기준 이하로 해서는 안 된다.

④ 오이의 색깔이 녹갈색이 되고 산 농도가 1.2% 정도가 되면 발효가 알맞게 된 것이다.

2. 세척, 조미액에 침지 및 저장

① 발효가 완료된 오이를 세척하여 잔존되어 있는 소금을 제거한다.

② 발효된 오이 10 kg에 대하여 4.5~5.0%의 식초 2.5 L, 설탕 1.2 kg과 향신료를 조그맣게 썰어 19~20 g 정도 넣어 조미액에 발효가 완료된 오이를 넣고 4~5일 간 숙성시킨다.

③ 통조림의 경우는 80℃ 정도가 되게 탈기한 후 90℃에서 10분 정도 살균한다.

실험 재료 및 방법 2 · 양파피클 제조

[1] 재료(시료 및 시약)

- 자색양파 2개
- 흰양파 3개
- 소금
- 양조식초
- 설탕
- 월계수 잎 2~3장
- 피클링스파이스

[2] 기기(장비 및 기구)

- 식칼
- 스텐냄비
- 도마
- 계량컵
- 1L 유리병
- 가스렌지(혹은 Hot plate)

[3] 실험 방법

원료 → 세척 및 절단 → 촛물에 각종 향신료 배합 → 끓임 → 원료에 침지 → 밀봉 → 제품

① 양파를 적당한 크기로 자른다.
② 유리병을 열탕 소독한 후 여기에 적당한 크기로 자른 양파를 넣는다.

③ 물, 설탕, 식초를 2 : 1 : 1(300 mL : 150 mL : 150 mL)비율로 촛물을 만들어 끓인다. 이때 기호에 맞게 월계수 잎 2~3장, 피클링스파이스를 넣어 준다.

④ 촛물이 만들어 지면 뜨거운 채로 양파가 들어 있는 용기에 부어 넣는다.

⑤ 상온 정도로 식으면 밀봉하고 실온에서 하루 발효하고, 냉장상태에서 2~3일 저온 발효한다.

⑥ 장기보관을 위해 용기 안에 있는 촛물을 꺼내 다시 한 번 끓여 식힌다.

⑦ 식힌 촛물을 용기에 부어 넣고 밀봉하여 냉장 보관한다.

1. 미생물 작용의 유무에 따른 침채류를 분류하라.

2. 피클 제조 시 식초는 초산이 몇 퍼센트 함유한 것이 좋은가?

3. 촛물을 만들 때 물 : 식초 : 설탕의 비율은?

4. 피클의 풍미를 평가해보라.

샘플＼강도	0	1	2	3	4	5
색깔						
성상						
향						
단맛(혹은 감칠맛)						
신맛						
쓴맛						
짠맛						
떫은 맛						

11-1 사과식초 제조

실험목표	• 사과를 이용하여 발효반응으로 사과식초를 만들 수 있다.

필요 지식

[1] 개요

식초(食醋, vinegar)는 동서양을 막론하고 오래전부터 사용해 온 역사를 지닌 발효 식품이다. 식초의 원료는 동양에서는 주로 곡류를 이용해 만든 곡주(穀酒)이고 서양에 서는 주로 과실을 이용해 만든 과실주인데 이것은 역사적인 주류문화에서 찾을 수 있 을 것이다.

옛날부터 조미료로 사용되어 온 식초에는 독특한 산미가 있고 이 산미가 구미를 돋 구기 때문에 애용되어 왔다. 또한 식초는 낮은 pH에 의한 세균발육 저지효과가 있어 서 식품의 방부제로도 사용되어져 왔다. 구연산이나 사과산처럼 초산은 유기산의 일 종으로 식초에 산미를 주는 성분이다. 양조식초에는 초산 이외에도 유기산, 아미노산 류, 무기염류 등의 여러 성분이 함유되어 있고, 이들 성분은 원료에서 유래되는 것과 발효에 의하여 생성되는 것으로 구성되며 독특한 풍미를 만들고 있다.

우리나라 식품공전에서는 "식초라 함은 곡류, 과실류, 주류 등을 주원료로 하여 발효시켜 제조하거나 이에 곡물 당화액, 과실 착즙액 등을 혼합·숙성하여 만든 발효식초와 빙초산 또는 초산을 먹는 물로 희석하여 만든 희석초산을 말한다"로 되어 있으며 발효식초 중 감을 초산발효한 액을 감식초라 한다. 또한 식초의 규격을 보면 총산은 초산으로서 4.0~20.0% (w/v)이지만 감식초는 2.6% 이상이 되어야 한다. 한편 타르색소는 검출되어서는 안되고, 보존료는 파라옥시안식향산메틸과 파라옥시안식향산에틸 이외의 것이 검출되어서는 안되며 식초제품 1L에 대하여 파라옥시안식향산으로서 0.1 g 이하를 사용해야 한다.

[2] 식초(食醋, vinegar)의 종류

식초는 크게 주정식초와 합성식초로 나눌 수 있으며, 주정식초와 합성식초는 서로 혼합할 수 없고 일체의 색소를 첨가할 수 없다. 일반적인 식초의 종류를 표 11-1에 나타내었다.

1. 주정식초

주정식초는 초산발효에 의해 만들어지며, 주정식초는 고유의 색깔과 향미를 가지며 이미(異味), 이취(異臭)가 없어야 한다.

1) 곡물식초: 쌀식초

2) 과실식초: 사과식초, 포도식초

2. 합성식초

합성식초는 발효과정을 거치지 않고 초산이나 빙초산을 희석하여 유기산 등을 첨가한 것으로서 무색투명하다.

[3] 식초의 발효에 관여하는 미생물

초산균은 에탄올을 산화하여 초산을 생성하는 세균의 총칭이며 이 균주는 Gram음성, 호기성, 간균이다. 초산발효는 2단계의 반응을 거쳐서 일어나는데 먼저 알코올이 아세트알데히드(acetaldehyde)로 변환되고 이어서 이것이 초산(acetic acid)으로 생성된다.

$$CH_3CH_2OH + O_2 \longrightarrow CH_3CHO \longrightarrow CH_3COOH + H_2O + 493.83 \text{ kJ}$$

1. 쌀식초 및 주박(酒粕)식초로부터 분리된 초산균

Acetobacter aceti, Acetobacter acetosum, Acetobacter mesoxydans, Acetobacter rancens, Acetobacter viniacetati, Acetobacter acetigenum 등,

2. 포도식초로 부터의 분리된 초산균

Acetobacter orleans 등

3. 주정식초(알콜식초)로 부터의 분리된 초산균

Acetobacter aceti, Acetobacter acetigenum, Acetobacter ascendans, Acetobacter schuzenbachii 등

한편, 초산발효 중에 액표면에서 두꺼운 섬유질(cellulose)의 점질막을 형성하는 *Acetobacter xylinum*과 생성된 초산을 다시 물과 이산화탄소로 산화(과산화)하는 *Acetobacter oxydans, Acetobacter suboxydans* 등은 식초양조에 적합하지 못하다.

[4] 종초

식초의 양조에는 먼저 원료와 우량의 초산균을 다량 번식시킨 종초(種草)를 만든다.

종초의 제조는 일반적으로 청주, 온수, 살균식초를 4 : 4 : 6으로 혼합하고 여기에 순수배양한 초산균을 접종하여 35~40°C에서 2~3일간 호기적 배양으로 엷은 균막을 형성시킨다. 그 후 배양을 계속하여 산도가 약 5%정도 되었을 때 종초로 사용한다.

[표 11-1] 식초의 종류

종류	주원료	관여하는 미생물	특징
주정 식초	알코올	초산균	알코올 또는 여기에 곡류를 당화시킨 것 혹은 과실을 가한 것을 초산 발효시킨 것으로 가장 많이 생산되고 있다.
쌀 식초	쌀	국균, 효모, 초산균	쌀, 쇄미, 현미 등의 원료로 약주 만드는 방법에 따라 국균으로 입국을 만든 다음 알코올을 발효시켜 술을 만들어 초원료로 사용한다. 주정제조에 장시간이 걸린다.
주박 식초	주박	효모, 초산균	청주제조의 부산물인 주박을 이용한다. 새로운 주박에는 전분, 단백질 등이 미분해된 상태로 포함되어 있다. 청주박을 1~2년간 저장하여 당분, 유기산, 아미노산 등을 증가 시킨 후 알코올발효와 초산발효를 시킨다.
포도 식초	포도주 (포도즙)	초산균, 효모	원료로는 포도과즙, 산패 포도주, 일반 포도주 등을 사용하여 만들며 완성된 제품은 5~7%의 산을 함유한다. 포도주와 같은 향기를 가진 고급 식초가 된다.
사과 식초	사과주 (사과즙)	초산균, 효모	사과를 원료로 사과즙을 내서 알코올 발효시킨 다음 초산발효를 시킨다. 방향이 좋고 사과산에 의하여 온화한 산미가 있기 때문에 품질이 우수하다.
맥아 식초	맥아, 보리	초산균, 효모	보리를 13~18°C에서 발아시켜 맥아로 당화하고 효모로 알코올 발효한 후 초산발효를 시킨다.
합성식초	빙초산		미생물은 관여하지 않고 빙초산을 물로 희석한 후에 당류, 산미료, 화학조미료 등을 가하여 만든다.

1. 좋은 초산균의 선택 조건

1) 산 생성속도가 빠르다.

2) 산 생산량이 많다.

3) 가능한 한 초산이 산화(과산화)되지 않는다.

4) 초산 이외의 유기산류나 향기성분인 ester류를 생성한다.

5) 알코올에 대한 내성이 강하다.

6) 잘 변성되지 않는 균으로서 균체의 제거가 용이하다.

[5] 식초의 발효

식초의 양조법(釀造法)에는 표면발효법(정치법), 통기발효법, 심부발효법(전면발효법, 액내발효법)등이 있다.

1. 표면발효법(let-along process)

표면발효법에서 주요 초산균은 A. pastorianus로 견사포(絹絲布)의 축면(縮緬)과 같이 아름다운 광택과 특유한 주름을 가진 균막(菌膜)을 형성하여 액 표면에 굳게 유지되어 그대로 발효를 완결시킨다. 이 방법은 어떤 종류의 식초제조에도 응용할 수 있으며, 다른 방식으로 제조된 것에 비해 향미가 진한 장점이 있다. 그러나 발효기간 중 온도, 습도 및 공기량의 조절을 할 수 없으며 개방식이므로 잡균오염의 기회도 많아서 품질이 저하되는 경우가 있고, 발효기간이 길고 대량 생산에 적합하지 않다.

유해한 초산균으로 A. xylinus는 식초용액 표면에서 cellulose로 된 후막을 형성하여 초산 생성속도는 저하시킨다. 또 식초의 숙성 저장 중에 오염되면 초산이 분해하여 과산화취라고 부르는 이취가 발생한다.

2. 통기발효법

독일의 Frings에 의해 1932년에 완성된 발효탑(generator)에 의한 초산발효법으로 속양법(quick vineger process)이라고 부른다.

통기발효법으로 알코올 10~20%, 산도 1%정도의 원료액은 8~10일의 발효에 의해 산도 10%, 알코올 0.3% 정도의 식초가 된다. 이 장치는 알코올식초(주정식초)이외에 과실식초나 맥아식초의 제조에서 사용되고 있다. 공업적 생산에서 알코올이 초산으로 전환되는 비율은 이론수치의 88~90% 범위이다.

3. 심부발효법

심부발효법(submerged aeration process)은 통기발효법보다도 더욱 산화효율을 높이려는 목적으로 스테인레스 발효탱크 내에서 원료액과 초산균의 혼합물에 공기를 넣으며 강하게 교반하면서 용액 전체에서 급속히 초산으로 산화시키는 방법이다. 초산균의 적당한 발효온도는 일반적으로 30℃이며, 대부분의 초산균은 38℃가 넘으면 사멸된다. 따라서 발효과정에서 생성되는 지나친 산화열은 탱크내의 냉각장치로 조절해야 한다. 심부배양법은 중산도 심부발효법과 고산도 심부발효법이 있다.

1) 중산도 심부발효법

중산도 심부발효법은 초산 농도가 5~10%로 주요 초산균은 *A. xylinus*의 cellulose 생산능력 결손 균주이다.

2) 고산도 심부발효법

고산도 심부발효는 초산 농도가 10~20%로 주요 초산균은 *A. polyoxogenes*이다. 이 균은 보통의 초산균용 한천배지 상에서는 콜로니를 형성하지 않는 점에 특징이 있고, 특수한 중층 한천평판 배지를 사용하여 가습 배양함으로써 콜로니를 형성시킬 수 있다. *A. polyoxogenes*는 최근까지 불가능이라고 생각한 20% 이상의 초산을 생산하는 능력을 가지고 있표19

산업적으로 아주 유용한 초산균이다.

[6] 사과식초

사과식초는 과즙 중의 펙틴에 의한 혼탁이 잘 발생하며 특히 미숙과는 펙틴함량이 높으므로 알코올 발효 전에 pectinase 처리를 하는 것이 좋다. 사과식초는 방향이 좋고 함유된 사과산으로 온화한 산미가 있기 때문에 품질이 우수하다. 부패나 외상이 있는 사과는 선충류(길이가 0.5~2 mm, 생육온도 27~29°C)가 종종 기생하기 때문에 주의가 필요하며 44°C에서 1분간 처리하면 사멸되므로 쉽게 제거된다.

실험 재료 및 방법 ▶ 사과식초제조

[1] 재료(시료 및 시약)

- 사과
- 종균

[2] 기기(장비 및 기구)

- 플라스틱통(혹은 유리병)
- 도마
- 칼
- 면포(거즈)
- 항온조

[3] 실험 방법

원료 → 부수기 → 착즙 → 알코올발효 ── 발효
↑
종균접종

① 잘 익은 사과를 골라서 세척 후 물기를 완전히 제거한다.

② 사과를 4~6등분으로 잘라서 유리병에 차곡차곡 담는다. 또는 착즙을 한다.

③ 사과 윗부분에 누룩가루를 조금 뿌린다.

④ 사과 윗부분을 거즈로 덮고 돌로 눌러준다.

⑤ 3~4개월 후 식초원액을 거즈로 걸러서 깨끗한 병에 담는다. 품질보존을 위해서 식초가 든 유리병을 60~65°C에서 30분, 80°C에서 5분간 가열 살균한(초산균의 내산성의 불완전균 살균) 후 마개를 꼭 막아서 서늘한 장소에 보관한다.

1. 식초의 발효 미생물은 무엇인가?

2. 좋은 초산균의 선택조건은 무엇인가?

3. 종초의 일반적인 제법으로 청주, 온수, 살균 식초의 용량비는?

4. 사과식초의 풍미를 평가해보라.

샘플 \ 강도	0	1	2	3	4	5
색깔						
성상						
향						
단맛(혹은 감칠맛)						
신맛						
쓴맛						
짠맛						
떫은 맛						

11-2 포도식초 제조

실험목표	• 포도를 이용하여 발효반응으로 포도식초를 만들 수 있다.

필요 지식

[1] 개요

발효원료로는 포도, 포도과즙, 산패 포도주, 일반 포도주 등이 사용되며 원료포도주의 색에 따라 적초(red wine vinegar)와 백초(white wine vinegar)로 나뉜다.

포도식초는 주로 남부유럽과 중앙유럽, 지중해 동부지방에서 사용되어온 식품이다. 옛날부터 프랑스에서는 특히 Orleans 지방에서 떡갈나무 통을 옆으로 놓아 발효시키는 일종의 정치법으로 생산하였다. 약 200 L 떡갈나무통에 맑은 종초를 약 1/3 용량으로 넣고 여기에 가온살균한 포도주 10~15 L를 첨가하여 25~30℃에서 1 주일 배양 후에 다시 같은 양의 포도주를 추가한다. 이와 같이 4회 반복하여 액면에 초산균의 균막이 형성되어 발효가 진행되면 약 5주 후에는 식초가 통의 반가량이 채워진다. 이때에 10~15 L의 식초를 취하고 같은 양의 포도주를 다시 공급한다. 제품은 5~7%의 산을 함유하고 포도주와 같은 향기를 가진 고급 식초가 된다. 그러나 이 방법은 발효 기간이 길고 대량으로 생산하기에는 부적합하다.

[표 11-2] 포도초의 성분(%)

식초산	알코올	엑스분	글리세롤	회 분	인산	칼륨
6.77	1.02	1.44	0.211	0.193	0.023	0.068

[1] 재료(시료 및 시약)

- 포도주 또는 포도
- 종균
- 포도당
- 육엑기스
- 펩톤
- $CaCO_3$
- 알코올

[2] 기기(장비 및 기구)

- 3L 플라스틱통(또는 유리병)
- 양푼
- 소쿠리
- Incubator
- 면포 또는 거즈(gauze)
- 삼각플라스크
- 면전(혹은 실리콘전)
- autoclave
- 알루미늄호일
- 항온조
- 백금이

[3] 실험 방법

원료 → 부수기 → 조정 및 담기 → 살균 → 냉각 →종균접종 및 발효 → 여과 → 제품

↑
초산균의 배양액

[1] 원료

잘 익은 포도를 세척하여 으깨고 줄기는 제거한다. 산패된 포도주는 초산발효가 상당히 진행된 것으로 식초생산에 적합하다.

[2] 담기, 살균

비이커에 포도당 45 g, 육엑기스 15 g, 펩톤 15 g을 넣고 물로 1 L를 만든 후 녹인다. 삼각플라스크에 50 mL씩 담고 가압 멸균한 후 침강 탄산칼슘($CaCO_3$) 1스푼을 넣고 식으면 여기에 알코올 1.6 mL를 넣는다.

[3] 초산균 배양

배양액이 든 삼각플라스크에 순수 배양 초산균 1백금이를 접종하여 30°C의 배양기에서 3∼5일 배양하여 초산균의 순수 배양액을 만든다.

[4] 접종

멸균한 500 mL 삼각플라스크에 알코올의 농도가 6% 정도 되도록 물로 희석한 포도주 150 mL를 넣고 면전을 한 다음 알루미늄 호일로 면전을 싼다. 이 삼각플라스크를 60°C에서 20분간 살균하여 냉각하고 여기에 초산균 순수 배양액 150 mL를 넣어 접종한다.

[5] 발효 및 여과

배양기에서 30°C로 1~2개월간 정치하여 발효한다. 발효된 식초는 깨끗한 체로 먼저 거르고, 두 번째는 살균한 여과종이나 거즈(gauze)로 여과하여 투명한 식초 액을 깨끗한 유리병에 담는다. 품질보존을 위해서 식초가 든 유리병을 60~65°C에서 30분, 혹은 80°C에서 5분간 가열 살균한(초산균의 내산성의 불완전균 살균) 후 마개를 꼭 막아서 서늘한 장소에 보관한다.

1. 포도식초로부터 분리 된 초산균은?

2. 포도식초의 발효조건(온도와 시간)은?

3. 숙성된 포도식초의 산 함유량은 몇 %를 함유하고 있어야 하는가?

4. 포도식초의 풍미를 평가해보라.

샘플 \ 강도	0	1	2	3	4	5
색깔						
성상						
향						
단맛(혹은 감칠맛)						
신맛						
쓴맛						
짠맛						
떫은 맛						

참고자료

- 정동효(2012). 『발효식품대전』, 유한문화사.
- 곽호석·국무창·김 승·성동은·오성훈·지갑주·최찬의·홍태희(2018). 『에센스 발효식품학』, 지구문화.
- 강윤환·김기은·민윤식·이수정(2003). 『식품가공학실험』, 북스힐.
- 국가직무능력표준(www.ncs.go.kr): NCS 유제품가공 실험모듈 개발_03. 자연치즈.
- 국가직무능력표준(www.ncs.go.kr): NCS 유제품가공 실험모듈 개발_07. 발효유류 제조·가공.
- 국가직무능력표준(www.ncs.go.kr): NCS 음료주류가공 실험모듈 개발_09. 탁주약주청주 제조·가공.
- 국가직무능력표준(www.ncs.go.kr): NCS 음료주류가공 실험모듈 개발_10. 맥주 제조·가공.
- 국가직무능력표준(www.ncs.go.kr): NCS 음료주류가공 실험모듈 개발_11. 과실주 제조·가공.

부록

제출일		학 번		이름		실험조	

1. 실험제목

2. 실험목적

3. 실험원리

4. 실험재료

1) 시료 및 시약

2) 기구 및 기기

5. 실험방법

6. 실험결과 및 고찰

7. 참고문헌

바이오 발효공학 실험

초판 인쇄 | 2019년 09월 01일
초판 발행 | 2019년 09월 05일

지은이 | 곽호석 · 배재용 · 지갑주 · 진대언
펴낸이 | 조승식
펴낸곳 | (주)도서출판 북스힐

등 록 | 1998년 7월 28일 제22-457호
주 소 | 서울시 강북구 한천로 153길 17
전 화 | (02) 994-0071
팩 스 | (02) 994-0073

홈페이지 | www.bookshill.com
이메일 | bookshill@bookshill.com

정가 11,000원

ISBN 979-11-5971-235-7